YES, YOU CAN INNOVATE

[英]娜塔莉·特纳（Natalie Turner）/ 著

刘瑾玉 / 译

湖南科学技术出版社

《六 "I" 创新》推荐

精巧、实用，内容包含令人信服的研究和实用工具。如果创新对你来说很重要（确实重要），请拿着荧光笔阅读本书。

——斯考特·安东尼（Scott Anthony）

创见公司（Innosight）执行合伙人《28 天学创新：袖珍黑皮书》（*The Little Black Book of Innovation*）和《第一英里》（*The First Mile*）作者

创新六个 "I"®模型简单而强大，适用于任何组织计划、实施和实现创新。娜塔莉的书是创新者书架上不可或缺的伴侣！

——查理·昂（Charlie Ang）

创新者研究所（The Innovators Institute）创始主席、美国奇异科研大学（SingularityU）驻新加坡代表

独特而实用的创新方法。关于创新的学术著作很多，但本书脱颖而出，可以帮助所有人每天应用创新原理。同时，更胜一筹的是它已经在全球机构中进行了选用和测试。

——史蒂文·米恩（Steven Myint）教授

A* Star 高级研究员　创新交流协会主席

六"I"创新

娜塔莉·特纳是全球领先的创新实践者之一。这部杰作包含了实用工具和事例,可以帮助那些想要创新的人展现自身优势,发展自身技能并将想法付诸实践。它还将为创新领导者增强团队能力和影响力提供帮助。

——罗兰·哈伍德(Roland Harwood)

100%开放创新公司联合创始人、常务董事

如果创新是你战略的关键,请阅读《六"I"创新》。该书不仅提供了创新管理模型,而且还明确了产生和实践新想法的重要性。它还为如何参与创新过程提供实用想法。精辟的读物能够完善任何组织的发展计划。

——丹尼·伍顿(Danny Wootton)

国防部资讯系统及服务所(ISS)创新负责人

我已与娜塔莉·特纳合作并使用六个"I"®模型很多年了,很高兴现在能够通过这本书对模型的各方面有新的认识。该书易于阅读,结构清晰,内容涵盖了你希望深入研究的特定领域。同时,这是一本实用书籍,专注于实际问题,而不是仅专注于理论……本书着重讨论你能/应该做什么,而不是别人在你之前做了什么。本书与其他书的不同之处在于它介绍了一种评估工具,该工具运用六个"I"®模型可以创建或评估当前团队以开启创新之旅,十分有用。如果你负责业务开发或创新,不论何种类型,这是一本值得阅读和使用的书。

——迈克尔·麦耶尔(Michael Meyer)

亚洲利奥制药(LEO Pharma Asia)人力与公关总监

《六"I"创新》易于阅读,它提供实用工具和提示,帮助你进

行创新。对于我这样的中小企业的所有者、创始人和领导者，它肯定了重视员工创新的重要性。如果你要开始或继续创新之旅，我强烈建议你阅读这本书。

——加布里埃尔·赫尔米（Gabriel Helmy）

The Capacity Specialists 专业培训和指导公司，创始人兼首席执行官

我已与娜塔莉·特纳相识多年，我很欣赏她的创造力和创新技巧。她知道哪里存在不足以及运用哪些工具和战略让个人和企业组织踏上极具竞争力且成功的创新之旅。最后，这是一本真正实用、易于遵循且论述精彩的书，书中的想法都久经考验。娜塔莉的六个"I"®模型与其六个"C"™模型相辅相成：它们共同构成了真正的创新模型。对于所有想知道什么是创新以及如何实现创新的人来说，这是一本必读的书。

——科尔帕尔·辛格博士（Kirpal Singh）

培训视觉研究所（Training Vision Institute）首席学术官《思考帽子和彩色头巾：跨文化的创造力》（*Thinking Hats and Coloured Turbans：Creativity Across Culture*）作者

在本书中，娜塔莉·特纳的丰富经验为想要寻求以及接受改变的人提供了启发。现在就开始运用它来明确自身的创新优势，以正确的思维方式放大这些优势并建立强有力的合作关系。

——安娜·辛普森（Anna Simpson）

《创新友好型组织》（*The Innovation-Friendly Organiza-tion*）和《磁通罗盘首席创新教练》（*Chief Innovation Coach at Flux Compass*）作者

这是一本非常实用的指南，能够让你和你的组织实现创新。《六

六 "I" 创新

"I" 创新》提供各种活动、工具和资源，可帮助你改进创新过程和发展企业文化。

——克里斯蒂·诺沃梅斯基（Christi Novomesky）

家乐氏零食亚太地区（Kellogg's Snacks APAC）项目启动经理

一本实现创新的必备入门书，它提供的工具让你在创新之旅中找到正确的想法、掌握必要的技能、做出必需的行动，它还提供了产生影响的关键因素。无论你是初创企业还是老牌公司，《六 "I" 创新》都能使你创新成功。

——帕梅拉·汉密尔顿（Pamela Hamilton）

Workshop Cookbook 常务董事、《工作坊手册》（*The Workshop*）作者

在这个瞬息万变的世界中，创新是一种生存技能。娜塔莉的书打破了创新只属于少数人的传说，它同时也是一本有趣的书，将我原本知道的以及从经验中获得的知识结构化。创新是一种可以并且应该学习和培养的生活技能。这本书是释放你内心创新意识的钥匙。

——拉维尼亚·塔纳帕蒂（Lavinia Thanapathy）

新加坡国际黄金时段商业和职业妇女协会（PrimeTime Business and Professional Women's Association）主席

无论是在产品或服务交付方面，还是工作方式上，组织中的人们渴望获得更具创新性的方法。这是他们以及与他们合作的顾问一直在等待的实用指南。

——丹尼斯·莫里斯·基普尼斯（Denise M. Morris Kipnis）

组织发展学硕士变更流程咨询公司（Change Flow Consulting）创始人兼

负责人

十多年来，我一直对于娜塔莉·特纳的旅程充满兴趣并感到钦佩，她写了一本非凡的书，提供了一条创新之路，这条路既易于理解，又易于应用。该书与其他创新书籍的一个重要区别在于，它将创新历程（过程）的不同阶段与我们要取得成功所需要的每个阶段的不同心态（人员）结合在一起。该书围绕她的六个"I"®模型展开并邀请读者参与改进内容，包含了技巧、工具和进一步的阅读资料。它能够让每个人相信，他们确实可以为创新做出贡献。

——贝蒂塔·范·斯塔姆博士（Bettina von Stamm）

创新哲学家、短篇小说作家和创新领导力论坛（Innovation Leadership Forum）推动者、《伦敦商学院企业创新教程——创新、创造与设计》（*Managing Innovation，Design and Creativity*）作者

是的，对每个人力资源、组织发展专业人士、团队负责人和业务教练以及所有知道创新不再是少数人事情的那些人来说，《六"I"创新》是一本必不可少的书。在当今这个时代，创新能力是组织成功、事业出色和充实人生的关键。娜塔莉的书为创新的不同阶段提供了一个综合、全面的框架并将其介绍给每个人。它激发了人们的灵感，让他们对所需能力和创新思维有了深刻的了解。除此之外，它还为个人和团队提供了多种想法和活动，让他们能够接受创新思维方式并增强其自身的能力。这本书值得反复阅读，在未来很长一段时间，它将成为一个好的伴侣。

——莫妮卡·斯泰姆勒（Monika steimle）

阳狮集团（SAPIENT RAZORFISH）人才策略总监

作者致谢

　　我的好友、商业导师尼尔对我说："你在这个领域深耕多年，应该建立自己的创新模式。"我们坐在伦敦的一家咖啡店里，共同讨论我提出的创新咨询公司行动方案。那是 2009 年，经济衰退令人举步维艰。"你在这个领域工作时间已经足够长，拥有大量的经验，只须提供简洁而有效的建议帮助他们创新。"尼尔是正确的，市场需要一个以人为本的思路去创新发展。明确了这一点，我决定全力以赴去解决这个难题。

　　我没有料到八年后会来到亚洲，在新加坡创业并完成一部著作。这本书收录了我二十多年的创新研究和经验，是一份实用性颇强的创新方法读物。

　　我在成长过程中结识了许多良师益友，要感谢的人不胜枚举！在此特别需要感谢的是：帕梅拉·汉密尔顿领我入行，告诉我通过借鉴客户们的聪明才智孕育自己的新想法；以出色的项目管理创新闻名的金·巴恩斯和大卫·弗朗西斯博士；导师尼尔·梅塔鼓励我成为一名发明家，推荐我们到英国贸易工业公司，并帮助我们在新加坡立足；密友兼同事迈克尔·戈尔德致力于开发新概念，并在现实世界中完成原型转化；跨文化心理学家吉尔斯·斯波尼博士在模型数据可靠性测试中因其研究严谨和调查技术而屡获殊荣；临床心理学家莉莉安·英格给予了知识产权开发方面的帮助和建议，甚至包括我抵达新加坡后。在新加坡，感谢柯帕尔·辛格博士在新加坡管理大学的精彩演讲；大卫·福雷斯特最早发掘出我的潜质。

感谢诸位衷心耿耿的客户：丹尼·沃顿、宝琳·平诺克、扬·克阿贝特、里克·特奥、弗朗西斯卡·金、林恩·西、迈克尔·迈耶、马可·布拉贝克、迈克尔·迈格雷特、莫妮卡·斯泰姆勒、克里斯蒂·诺沃梅斯基、迪安娜·萨库、罗斯·沙普利和帕特·卢卡斯。他们采用"六'I'"模型，解决了个人和公司商业活动中的创新问题。

感谢我的同事们：新加坡的同事肖巴·钱德兰不仅拓展了我们的认证计划与合作伙伴范围，还把创新法落实到实验工具和产品中；安迪·布鲁斯开发出"创新六'I'"在线管理系统 APP；尚未谋面的 Upwork 公司的设计者阿尤布和莫赫德师；诺布与斯图创建"六'I'"个人资料管理系统；编辑伊洛伊丝·库克提出了卓有实效的建议，帮助我思考如何使这本书更有实用性和操作性。

最后，我要感谢身边的至亲，没有他们的相伴，这本书无法问世。我的妹妹卡罗琳·斯拉克与我共同经历了这一创新旅程的起起伏伏。在她无私的帮助下，我们得以移居亚洲。我的父母莱斯利·特纳和让·特纳是我强大的后盾，他们把我培养成一个有创造力的人。尽管他们现在已经八十多岁，但仍然保持着探索者的精神，勇敢地挑战自己，激励他人。我的丈夫兼联合创始人卡尔·欣兹从 2006 年起一直是我的商业伙伴，负责财务和运营。

他的韧性、爱心和耐心才使《六"I"创新》一书得以告罄。卡尔是我一生的追随者和支持者。

娜塔莉·特纳

新加坡，2018 年 1 月

作者简介

娜塔莉·特纳（Natalie Turner）是一位创新和领导力经验丰富的专家，被亚洲首席营销官（CMO Asia）和世界营销与可持续发展联合会（World Association of Marketing and Sustainability）评选为亚洲50强女性领导者之一。她曾在一些世界领先的组织中工作并为其提供咨询，包括新加坡发展银行（DBS）、亚洲利奥制药（LEO Pharma Asia）、家乐氏（Kellogg's）、新加坡航空（Singapore Airlines）和思科公司（Cisco Systems），帮助他们建立创新系统、文化和能力，并为其发展团队和业务提供新想法。娜塔莉还是创新、企业家精神和领导力方面的国际演讲者，也是经验丰富的商业引导者、培训师和顾问。

娜塔莉是六"I"创新的发明者，该模型是一个综合方法论和评估工具，可帮助个人和机构评估其创新实力，同时也是一个清晰、循序渐进的指南，让创新切实有效。娜塔莉拥有三个学位：政治和立法研究荣誉文学学士、经济学和社会心理学理学硕士学位以及工商管理学硕士学位。她来自伦敦，目前主要在新加坡工作，同时也在亚洲其他地区和世界各地工作。

前　言

《六"I"创新》

创新的重要性毋庸置疑。如果我们不改变我们为世界提供的东西（产品和服务），也不去改变其制造方法和提供方式，我们就不能久存于世。大量证据表明企业的生产和发展离不开创新，同样，社会发展也离不开创新——因此我们需要认真思考如何从想法中创造价值。

在英语中，"innovation"是一个有趣的词，因为它既可用作名词，又用作动词"to innovate"。作为名词，我们所关注的是创新的产物，即变化的事物，无论它是新产品、新服务、新业务模型还是流程改进。但创新也是一个动词。如果我们认真对待创新，那么我们需要认真思考如何实现变革。

创新谈何容易——尤其是我们处在这样的世界中，犹如《爱丽丝梦游仙境》中"红桃皇后的世界"。主要角色红桃皇后让我们想起一个充满变化挑战的场景：在她和爱丽丝奔跑了很久之后，爱丽丝停下来，气喘吁吁地告诉皇后："……在我们的世界中，如果你想到达其他地方，就像我们刚才那样，你必须一直快速奔跑！"而红桃皇后以居高临下的语气无礼地回答："现在，你看看周围，如此缓慢的国家，你跑了这么长时间还是待在同一个地方。如果你想去别的地方，则必须至少以当前两倍的速度奔跑！"

这是对当下环境的一个强有力的隐喻。无论我们关注的是企业改革还是社会变革，它们都是一样的挑战，那就是如何创新。这一挑战也远比我们想象的要棘手，仅认识到创新的重要性或嘴上说说我们有多看重创新远远不够。如果我们能够认真地看待创新，就会认识到它绝不像动画片一样简单。众所周知，灵光一现意思是有了一个好点子、好主意。然而在我们能够让这个创意真正造福人类之前，还有很多东西需要创新。

好消息是我们对创新流程很了解。我们已有成千上万关于如何组织和管理创新的研究，其时间可追溯到至少一个世纪之前。不同的国家、行业和公司都参与其中并采用了各种方法和数据组。它们都有相同的核心原则，也都是我们从过去的经验中汲取的教训，即我们应该做什么，不应该做什么，怎样让创新真正为我们创造价值。

我们可以利用的资源丰富，但同时也面临另一个问题。内容涉及创新的书籍众多，其绝大部分都在讲述"机构"应该是什么样或该做些什么，我们该如何制定我们所要遵循的各种不同的规则和程序，以及我们该选择以何种方式应对瞬息万变的开放性创新世界。很少涉及个人领域，比如她或他能做些什么，需要哪些技能来促进变革。

当然，也有一类专讲企业家的书，但大多讲英雄们——了不起的男男女女如何在初创时期战胜挫折、承担风险、创造价值。然而这种文本忽略了许多不同的个体——那些低调的企业家，虽然他们只是机构内部或团体中变革的推动者，也可能永远不会成为科技富豪，但他们的所作所为确实是创新。正如著名管理学家、作家彼得·德鲁克（Peter Drucker）所说："企业家在做的事情就是创新，他们可以在任何条件下创新。"

所以本书的受欢迎之处就在于它直接面向个人，介绍高效变革推动者所需的技能。创新者不是天生的——创新是一种可以通过学习和实践获得的的技能。确实，对"连续创业者"的研究表明，在他们获得后来的神奇本领的历程中，学习过程常常起到重要作用。因此，尝试、总结这些经验教训并以结构化形式呈现出来，意义重大。

尽管创新之路漫长而曲折，但创新之路有其规律可循。本书将提供有用的路线图。本书总结大量个人经验以及该领域相关重点研究成果。重要的是，本书借助实用手段和活动将这些技能具体化，来阐释如何运用及发展这些技能。事实上，本书旨在让读者主动接受本文观点，并有所反思，有所实践。

本书围绕一个简单框架即六个"I"® 模型展开。六个"I"® 模型介绍了一些方法，凭借这些方法，个人可以理解创新挑战的含义并且培养关键技能让创新得以实践。重要的是，本书展开论述的关键前提是创新者在不同领域拥有不同优势，也就是说对本书中的创新者没有一概而论。明确自己的类型有助于发挥自身优势，而且可以让你清楚如何在你的团队或网络中增加具有互补优势的人。

如今，创新议程越来越重要，该词已随处可见。但是，这常常只是一句强调创新重要性的的简单口号，并未提供任何实现创新的途径。仅仅宣扬"我们相信创新"并不能使我们走得长远。

如果我们认真对待创新之路，那么本书不仅为致力于这条道路的人提供了一个很好的起点，而且还提供了许多有用的帮助和指导，让其沿着这条路走下去。

约翰·贝森特教授

约翰·贝森特（John Bessant）教授现任埃克塞特大学创新与创业系教授，埃尔朗根–纽伦堡大学和昆士兰科技大学的访问学者。于 2003 当选英国管理学术（the British Academy of Management）院士，于 2016 年当选国际专业创新管理学会（ISPIM）院士，曾担任不同国家政府和国际机构的顾问，包括联合国、世界银行和经济合作与发展组织。他撰写了 30 本书，其中包括与乔·提德（Joe Tidd）博士合作撰写的开创性著作《管理创新：技术变革、市场变革和组织变革的整合》。

目　录

1

开 篇

TO BEGIN

介　绍

我们生活在一个变化迅速、竞争激烈的全球化时代，这是一个众人皆知的事实。对未来主义者来说，我们现在所经历的只是冰山一角。世界在未来 30 年将发生巨变，这也就意味着我们今天认为的突破性创新明天将变得微不足道。

人类最重要的生存技能是我们源源不断从新观念中创造价值的能力，为这种变化做好准备对人类的持续生存至关重要。我们的世界迫切需要新的思维、新的观念和新的方案，以解决人类所面临的最复杂的难题。创新者是要将新事物引入世界的先驱者。要成为创新者，仅有创造力远远不足，还需要复杂多样的技能和思维方式，需要日常情况下应用新思维的能力，我称之为日常创新。无论我们是从事开拓突破性技术的工作，还是在物流公司的运营部门上班，我们所有人都可以有所作为。更重要的是，我们所有人都有理由运用生活经验、天赋和技能来制定目标，有所贡献。

《六"I"创新》是一本实用性书籍，它将帮助你了解什么是创新，创新为什么重要以及如何创建想法并使之成为现实。它会：

- 清晰地概述创新过程的六个阶段；
- 帮助你了解和发展自己的长处；
- 培养技能以弥补你的不足并指导如何与他人建立合作；
- 提供工具、技能和策略来提高你的创新技能和思维方式。

本书的主要内容是结合六个"I"® 创新模型构建一种行之有效的方法。这个一体化模型可以帮助你提高从新思想中创造价值的能力，它已被包括思科系统公司（Cisco Systems）、新加坡航空（Singapore Airlines）和利奥制药亚洲有限公司（LEO Pharma Asia）在内的世界各地的个人与公司采用。六个"I"® 模型由一套简单的体系构成，涵盖了六个不同的阶段，贯穿创意产生、实施及提升的全过程。

1. 识别（Identify）机遇：了解趋势和有增长潜力的领域。

2. 激发（Ignite）创意：创造新颖的解决方案。

3. 调查（Investigate）：模拟、测试研究想法。

4. 投资（Invest）：有勇气把想法变为现实并说服他人支持你的想法。

5. 实施（Implement）：实施想法并创造价值。

6. 改进（Improve）：优化、扩展，从成功和失败中学习。

所有步骤由一个总目标统领，这一目标可帮你认清期望创建的内容和解决的问题。

不管时代的商业热词变成什么样，总是少不了要用到人的技能、思维模式和行为。我们仍需识别机遇、激发创意、调查可行性、投资、实施创意并改进工作。

下面是一些我在书中会用到的关键概念及简要界定。

核心概念

● 创新——从对个人和团体来说都耳目一新的观点中创造新价值的能力。

●技能——天生或通过吸收知识和不断练习而获得的成事能力。

●行为——人们对所处环境做出的一系列显性行为。

●思维模式——认识自我和世界的一套观念。

想象力就像是一座冰山。水位线以下是我们的思维方式，水位线之上是我们可以观察到的行为和技能。这些技能和行为恰恰是受我们所选择的思维方式决定。

案例：骑自行车

骑自行车需要的技能是会使用脚踏板和全身的协调能力。

骑自行车需要的行为是保持专注和平衡。

骑自行车需要的思维模式是决心和坚持。

看小孩子第一次骑自行车时，你可以观察到他总是努力去掌握使用脚踏板和保持身体协调的行为（技能）。尽管在行为上一直专注并试图保持平衡，但是孩子们还是会失去平衡摔倒。原因在于他们通常不具备在骑车时兼顾所处环境并做到随机应变的能力。随着骑车熟练度的提升，孩子们开始能够留意到周围的环境、路过的行人、地面的水坑及经过的车辆。通过持之以恒的练习，孩子们的技能和行为形成习惯，他们更加自如地掌控自身行为来应对各种变化（行为）。就是技能、行为和思维方式这些要素的共同作用促使我们行之有效。我们的创新能力，即从创意中创造价值的能力除了提出新颖可行的创意，也要求上述三要素有意识的融合。

理解六个"I"®模型

我将带你走上一段旅程，希望这段旅程能帮你发展和完善在介绍中概述的三个要素，并且让你能够进行自我激励和自我挑战，拓展思维，思考如何为世界带来新的想法。

在未知领域中，任何旅程都需要向导指引方向。六个"I"®模型就是我创造的指南，帮助简化通常被视为复杂、混乱且不可预知的过程。

在本书的第一面上，你将看到六个"I"®模型的图像以及六个核心阶段的概述。

以下六点可以帮助你理解这一模型：

1. 六个"I"®模型是一个环状模型。因为创新并不遵循一个清晰的线性过程，创新的道路上有死胡同、障碍和不可预见的挑战。根据六个"I"®模型，在你创造出有价值的东西之前，需要不断前进或者倒退。

2. 这一模型的中心是目标。目标就像是一个锚点，如果我们在思考和工作上时更加严格地运用它，我们的创造将更具目标价值。这样，我们就可以客观地质疑和重新审视我们试图做的事情，然后问问为什么。我们还必须不断在模型的各个阶段移动，例如从调研阶段回溯到识别或激发阶段。

3. 每个阶段有两个彩色三角形，其颜色与它们对应的"I"相同。它们把每个阶段与目标相连，代表了过程和文化。

● 创新过程。创新的每个阶段都需要过程来支持其有效性，比如，激发阶段的捕捉创意过程。

●创新文化。与创新过程一样，每个创新阶段都需要独特的文化和环境能力来强化特定类型的行为。通常团队或组织失败的原因都是较强的文化单一性。比如，某个团队善于在激发阶段鼓励员工产生新想法，但在熟练实施方面有所欠缺。

4. 尽管从教学的角度，我们从"识别"开始，但在现实中你可从这个模型的任何一个阶段开始创新。每个人的创新起点不尽相同。这样的例子很多，比如一些"激发"出来的尚未得到识别机会的想法。

5. 这个模型反映出我们的思考方式。虽然我们不会整齐划一地停留在某个领域，我们中的一些人可能会跳过某个阶段，但我们的思维会不停在这些阶段徘徊，产生想法，从中筛选来提升想法并付诸实践，然后再重复这个过程。

6. 这个模型可以作为我们正在进行的管理创新项目的指南，帮助我们更加清晰地认识我们是如何工作，处于创新之旅的哪个阶段。这一模型可运用在我们日常思维创新工作中，也可用来管理一个更加复杂的创新项目，无论创新活动大小都适用。

如果你的团队或组织想持续有效地创新，就需要把六个"I"®模型中每个阶段所需要的不同技巧、能力和支持过程综合运用起来。每个"I"都与不同创新阶段所需的特定态度和思维方式类型有关。

创新阶段	思维模式
识别	好奇心
激发	创造力

续表

创新阶段	思维模式
调查	批判
投资	勇敢
实施	执着
改进	机灵

例如，调查阶段比激发阶段更需要对想法做批判，而在激发阶段创造性的思维模式则是最重要的。如果你在激发阶段就吹毛求疵，那么新想法在落地生根之前就会被扼杀。

本书的第一面提供了一张图表，描绘了所有的核心趋势或思维模式，这是每一个创新阶段内部所需要的首要态度。

发现你的创新优势，
如何进行六个"I"® 模型评估

　　你可以通过作者开发的六个"I"® 模型线上测试来发现自我创新的优势，本测试大约耗时 10 分钟（编辑注：此线上评估模型目前只有英文版，中文版仍在开发中）。

　　这个线上问卷会围绕创新的六个特定阶段去评估你的技能概况。作为一种自我测试工具，它只是呈现出你所感觉的自身优势，其结果不是绝对的，也不能解读为真正的能力。

　　要提高创新能力，了解你目前的优势是很有用的。利用你的测试结果来提高自我意识，运用你的优势创建一个可以不断有效创新的团队或组织。

　　在完成调查问卷之后你会收到一份调查报告，内容是一张你创新优势的总览图表。

　　这张表会显示你在每个"I"上的分数。由此你可看出你的创新能力不仅仅局限在一个"I"方面，而是这六个方面的结合。有的地方强有的地方弱，共同形成你独特的创新风格。

　　下图中显示的某人核心创新能力是"识别"，但同时你也可看到他在其他五个"I"方面的分数，其中"调查"得分最低。他很可能善于捕捉机会，产生奇思妙想，并且在一定程度上会关注如何改进现有想法。但他也很可能忽略调查阶段直接进入投资和实施阶段，但这两个阶段也并非他的核心优势。调查、投资和实施这几项都是他的潜在盲区，他需要通过发展这些方面技能或者与拥有这些方面优势的人合作以查漏补缺。在一个团队中，他会是一个好的策略和观点提出者，但对将想法诉诸实现意兴阑珊。他不感兴趣的地方正是他需要寻求合作的地方，只有与有互补优势的人合作他才能提高成功的可能。

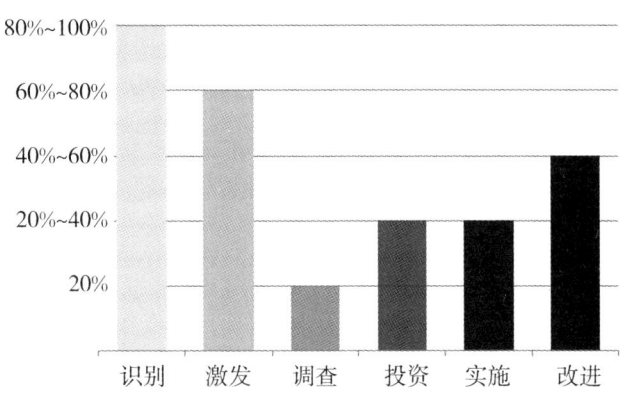

综合分数并不是每项分数的平均值，而是与数据库中其他人的数据比对得出的值，这些人在不同的"I"项上也得出自己强或弱。

在这本书中，对每个"I"都有描述，包括其优势和挑战，以及每个"I"在创新过程中扮演的角色及所需的思维模式类型。当你读这本书的时候，要结合得出的报告积极运用这些信息。

因为你的创新风格是在六个"I"®模型上综合形成的，在你阅读这份报告时要考虑这一点。六个"I"®模型会对你创新产生综合影响。例如，如果你在"识别"和"实施"两项上得分高，但在"调查"上得分低，你就能发现你是一个擅长萌生新观点并且能马上执行的人。这一报告能帮助你更重视"调查"环节，你可以培养自己的调查能力或与擅长调查的人共同合作来创新。

这个报告对你了解自己的短板也很有用，可以确保你正在培养的技能对你的工作重要。如果你不加强创新过程中关键的弱项，从技能层面上讲就很危险，因为这会阻碍你成功创新。你在周围寻找擅长解决这些弱项的人士，他们可以帮助你提升这方面的能力。增强自我意识将帮助你意识到其他技能对产生新想法和让这些想法实现的重要性。

与创新类型不同的人合作

当你增强自我优势或学习新技能时，不可避免地要与和你类型不同的人合作。你需要考虑如何与六个"I"® 模型下不同创新类型的人交流，这会帮助你换位思考，建立更好的团队关系。

可靠的数据统计

由于人们在回答调查问卷时给自己打分的依据不同，比如有的人喜欢打满分，有的人则不，有的人习惯在每个问题上都给自己打高分，而另一些人则都打低分，所以在本调查问卷中所有的原始分数都被标准化。这能消除偏见并让评估更合理、更有意义。这份调查问卷是一份全球标准化问卷，能够帮助你在每一个"I"项上与自认为强或弱的人在全球范围内进行比较。

请浏览我们的网站：

www. yesyoucaninnovate. com

你可以通过网站了解到更多相关信息。

本书结构

我将这本书设计成一本关于实用创新技能的指南手册，全书围绕六个"I"主题展开，再细分为六个主要部分。

- 识别
- 激发
- 调查
- 投资
- 实施
- 改进

每章通过一个故事导入，之后是每个"I"模型的优势和挑战，分别三项：

- 技能
- 思维模式
- 资源指南

每章均涵盖技能、思维模式及资源指南，帮助你理解和提高在特定创新阶段提升所需的能力。文中穿插许多例子，希望使你在生活中也能创新。

技能

首先，我将介绍处在该创新阶段的六种非常重要的不同技能。当然，这些技能在创新的其他阶段也很有用，但在这一特定阶段尤为重要。在描述和示例之后，我将向你介绍一系列核心活动和工具。有些工具是众所周知的，可从其他公共渠道获得，而有些工具则是独家享有。它并不是一个详尽的指南，而是一个摘要。我选择它来帮助你创造机会和想法，提升成功概率。如果你有兴趣，可以利用每章末尾的参考文献进行更深入的研究。为了方便阅读，每章开头会在表中列出活动和使用工具的信息。

我还提出一些交流建议，便于与六个"I"® 模型下具有不同优势的人士进行讨论时使用，并对你在创新过程中可能忽略的阶段做出警示。

思维模式

第二，文中也涉及某个"I"阶段需要的思维模式。和技能一样，这种相关思维模式在其他阶段也有用处，但在相关阶段需要重点培养。比如在激发阶段，如果我们要为面对的问题或挑战找到新的解决方案，创造力是绝对必要的。

文中也包括了一系列"试一试"的小技巧来帮助你培养相关章节里提到的思维模式。

在"思维模式"的末尾有一个个人访谈。受访者曾在自己的组织中使用过六个"I"® 模型，有很多例子说明了他们如何使用六个"I"® 模型并成功地进行创新。

资源指南

第三，我在每个章节的末尾处列出了相关参考文献。如果你想要完善相关的知识体系，可以进行参考，这里包括了论文、书籍、网站及其他你可能用到的信息。你可随时查看资源指南。

活动	
工具	
资源	
尝试	

如何最大限度利用本书

运用你在本书中学到的内容能帮你提高创新技能，学会发挥自身优势，补齐短板来帮助你提高成功的可能性。所以如果你有：

1. 创新挑战；

2. 新商业点子；

3. 新项目构想；

4. 只是想更好地提高自己的技能。

这本书可以让你有条不紊地展开创新。阅读过程中，请准备好笔记本记下心得体会，积极地学习和应用书中提到的活动或工具，帮助你强化所需的技能和思维模式。

你可以采用三种方法来达到目的：

1. 如果你在开始创新之前习惯对于整个创新之旅有所了解，先阅读有关你最强优势的章节，然后再把本书从头到尾读一遍以了解你的优势在六个"I"® 模型中处于什么位置。之后你就可以开始一些创新活动来运用你在书中学到的知识。

2. 如果你喜欢按部就班地完成整个过程，那就按照原文顺序阅读本书，它会帮助你一步一步地了解每个创新阶段，指导你如何将这些理论付诸实践。

3. 你也可以在团队创新项目中参阅此书，和队友一起使用书中的工具，完成每章活动。

读完本书后你会：

- 了解有关创新的清晰流程（创新的六个 "I" ® 模型）。

- 了解你的创新优势和挑战（六个 "I" ® 模型评估）。

- 知道一系列可以帮助你的技能（六个 "I" ® 模型技能）。

- 体验使用工具提高你创新技能的经验（六个 "I" ® 模型工具和活动）。

我的目标是激励你开发自己的技能和聪明才智，为提出新的解决问题方案做出贡献，并为世界创造出具有持久影响力的价值。

所以，让我们开始吧！

2

目标：
这是一个目标问题

PURPOSE

IT IS A
QUESTION OF
PURPOSE

六个"I"® 模型的中心是目标，目标是引导我们思考创新的原因。

"目标"是什么意思？很简单，目标是事物被创造和存在的原因。目标的作用非常大，因为它是整个创新之程的起点（基础），也是一个我们能回过头思考我们在做什么和为什么要这么做的起点。

目标分为两种：个人目标和团队目标。当两者结合时，协同合作就会更强。我们都知道偏离目标是什么感觉，即工作结果无法令我们满意或不符合我们的价值观。有时，出于各种原因，我们找不到工作的特定动机却又不能不做，但是，如果我们能够发现内在目标，即是什么在驱使和激励我们，同时以其为内在动力发现或开展一些工作或项目，那么这将有助于我们在瓶颈期继续走创新之路。创新也终会实现。

目标也不同于终极目的（goal）。终极目的是我们想要在未来实现的事情，也是我们努力的方向。目的有必要存在，没有什么不妥之处。目的可以帮助我们集中精力，为我们提供一个要抵达的彼岸。特别是在目的与内在目标无关的时候，它们会让我们拥有一种期待感以及欲望未得到满足的感觉。我经常把"purpose"和"intent"两个词互换，因为它们都表示目标、意图，从"intent"（意图）我们可以引申出"intention"（意向），即我们的态度如何影响行动和行为结果。

正如作家马克·马图塞克（Mark Matousek）所说，意愿不同于目的，因为它存在于当下且基于现实，而不是计划……它与我们的核心目标相关，引导我们走向幸福而不是斗争。意愿让我们与自己的核心价值观保持一致。

虽然这不是一本有关发现个人目标的书，但个人目标还是很重要，你要思考在涉及创新的举动中你看重什么。挖掘个人目标需要付出努力。如明确你花费时间到底想做些什么，你打算如何贡献自己的技能和才能去做比你独立完成会更加复杂的工作。如果你觉得现在的工作能给你带来内在的满足感和影响力，你会感到更加的愉快。

接下来是团队目标，也就是我们与他人合作时要做什么，如我们开展的工作、参与的项目以及创办的企业。在本书中，我列举了一些成功的创新案例、人士和轶事。他们中有小人物，也有大人物；有的声名显赫，有的默默无闻。在大多数情况下，你会发现在这些案例中个人目标与团队目标相辅相成。例如，在"实施"一章中，我分享了美体小铺（The Body Shop）创始人安妮塔·罗迪克（Anita Roddick）的故事。她的个人目标是为了环保和做好化妆品行业，并打算创造一种可供消费者选择的替代产品。而团队目标促使她创建了一个机构，可以成为实现个人目标的工具，后来该机构发展成为一家全球性企业。

认真思考你做某事的目标。当你开始一个新的创新项目时，在之前请花一些时间思考这个问题，这将有助于你理清思路。如果你正在与他人合作或一起工作，那么你们应该达成共识并统一目标，这也将有助于你明确数据，以识别在哪些领域中可能存在新的机遇。

创新就是创造价值。它与影响或结果的产生有关。在机构内部，通常首先想到的就是财务价值。的确，因为它十分重要。但是，在定义目标时，不仅要考虑财务效果，还要仔细考虑你要实现的目标以及要创造价值的类型。

以下是开始定义目标时可以考虑的一些价值类型。

● 财务价值：资产、商品或服务的货币、材料或评估价值。

● 竞争/战略价值：当一个组织能够以较低的价格提供与竞争对手相同的价值，或通过差异化战略以更高的价格提供更大的价值，这就是它所获得的优势。

● 社会价值：指产品和服务可能产生的更广泛的财务和非财务效果，包括个人福利、社区和社会资本的创造。

● 环境价值：是指通过实践而对自然环境产生积极影响的收益。

● 个人价值：指在个人层面上获得的价值。

你还有其他重要的价值类型吗？

目标不仅是六个"I"® 模型的核心，也是创新各阶段的核心。目标可能是最重要的要素，因为你可以在这里重新审视你在做什么以及这么做的原因。

我鼓励你做的第一个练习是创建一个目标宣言。

什么是目标宣言？

目标宣言就是一个简短而精炼的句子，它能让你清楚地知道你想做什么以及为什么要这样做。它应该用简单的语言，让那些对你专业领域一无所知的人也能理解。

一个好的宣言应该能帮助你做出决定，让你走上创新之路。例如，如果你在激发阶段有六个想法可供选择，这些想法都很好，那么请根据你的目标宣言进行分析，看看哪一个可以帮助你实现目标，或者哪个与你想做的事情最接近。其他选择可能也是好想法，但不是你去做调查的最佳选择。哪些想法又最接近你的个人目标，还是与之冲突？

工具

制定目标宣言

利用这些宣言帮助你思考所做的事情及其原因。这将使你从开始就明确自己的目标。

如果你在团队中工作或管理一个团队，请使用以下问题鼓励队员参与与探索。这将有助于统一你们想要共同完成的事情。

首先，回答以下问题：

1. 我/我们需要这样做是因为……

2. 我/我们想要这样做是因为……

3. 我/我们的客户/利益相关者将受益，因为他们将获得/能够……

4. 我/我们将受益，因为……

5. 这符合我的个人目标，因为……

6. 我/我们的目标是……

回答完上述问题后，请写一个宣言来阐明你要做什么。

例如，对于六个 "I"® 模型的目标，上述问题的答案是：

1. 我/我们需要这样做，因为……创新通常很困难而且难以预测，人们不知道从哪里开始或如何做。

2. 我/我们想要这样做是因为……它将凸显创造和实施新想法时技能的重要性，并就如何产生想法、使它们成为现实给出一个简单明了的过程。

3. 我/我们的客户/利益相关者将从中受益，因为他们得到/能够……了解自己的优势和团队成员的优势，并拥有一个实用的流程，包括他们可以应用和重复使用的工具和方法论。这将有助于提高他们成功的可能性。

4. 我/我们将受益，因为……我们将拥有一个可扩展的模型，该模型将在各个行业和地区创造价值。

5. 这符合我的个人目标，因为……我个人非常热衷于学习并对创造力感兴趣，激励和使他人能够创造想法并将其变为现实。

下面是六个"I"®模型目标宣言：

六个"I"模型目标宣言

建立由产品、服务和流程所支持的学习、评估工具和方法，让个人和组织能够产生想法并将其付诸实践。

在阅读本书的过程中，尤其是在激发和调查阶段，请重新审视问题和目标宣言。

你产生的想法是否可以帮助你实现自己期待的成果？

用以下问题来帮助你思考你想要达到的目标，并使你的总体意图更加清晰。

 活动

目标反思

问自己以下问题：

● 你的目标改变了吗？如果是这样，它变成了什么？此处务必清晰。

● 你产生的想法会满足你完成某项任务的目标吗？

● 你产生的想法是否符合你个人价值观和动机？

● 如果你正在与其他人一起工作，你们的意见是否一致？如果不是，请努力分析清楚你要实现的目标。

目标资源指南

有助于探索目标的书籍有：

Kurtzman, J. (2010) *Common Purpose*：*How Great Leaders Get Organizations to Achieve the Extraordinary.* John Wiley & Sons.

Mourkogiannis, N. (2008) *Purpose*：*The Starting Point of Great Companies.* St Martin's Griffin.

Reiman, J. (2013) *The Story of Purpose*：*The Path to Creating a Brighter Brand, a Greater Company and a Lasting Legacy.*

Sinek, S. (2011) *Start with Why*：*How Great Leaders Inspire Everyone to Take Action.* Penguin.

Sinek, S. (2017) *Find Your Why*：*A Practical Guide for Discovering Purpose for You and Your Team.* Portfolio Penguin.

有助于发现你个人目标的书籍有：

Holden, R. (2013) *Authentic Success*：*Essential Lessons and Practices from the World's Leading Coaching Programme on Success Intelligence.* Hay House UK.

Matousek, M. (2017) *Writing to Awaken*：*A Journey of Truth, Transformation & Self-Discovery.* New Harbinger.

Robinson, K. (2010) *The Element*：*How Finding your Passion Changes Everything.* Penguin.

Strecher, V.J. (2016) *Life on Purpose*：*How Living for What Matters*

Most Changes Everything. HarperOne.

Warren, R. (2004) *What on Earth Am I Here For? The Purpose Driven Life.* Zondervan.

3

识别：
了解发展趋势，认识潜在机遇

IDENTIFY

UNDERSTAND
TRENDS AND
POTENTIAL
OPPORTUNITIES
FOR GROWTH

"娜塔莉，你说我们应不应该加大对这项业务的投资？"一位公司高级领导问我，他脸上露出一个略显揶揄的笑容。这是20世纪90年代末的事了，预付费移动电话业务发展势头正劲。那时我30岁不到，是一名初级战略分析员。这是我的第一份正式工作，我这样一个小角色怎么能预见未来会怎样？当我把想法告诉高级经理时，脸上不由地有些发烫。市场瞬息万变，我们需要超越销售电话卡的竞争对手，发展预付费的移动产品和网络电话（VoIP）。这两项技术在当时可是颠覆性的技术，才刚刚崭露头角。我在期待什么呢？一个肯定的答复吗？

由于监管环境的变化，电信行业的商业模式也持续创新。这段时期的发展充满非连续性，尽管在线互动方式处于发展初期，但是信息技术、通讯业和内容服务开始融合。

我的职责是构建人脉关系、参加会议、探索社会和技术方面的新趋势，我的部门需要了解这些，以确保我们的产品和服务适应不断变化的环境。我的部门飞速成长，不断有新员工加入，总有各种活动，部门成员也激情满满。领导层正投资数百万美元开发一种新的卡片技术平台，这一平台能使客户将电话卡上的号码复制到固定电话或付费电话上来打电话。

纵观电信和移动技术领域，我可以为公司找到很多机遇。可在我看来，这些机遇大多被高层领导忽视了。

离开会场时，我忧心忡忡。我走回办公桌，看着电脑屏幕。为什么他们看不见这个机遇？为什么他们雇我去寻求新的机遇，却对我的建议充耳不闻？我坐了几分钟，想着自己该做什么。随即我便想通了："好吧，既然他们视而不见，那我要离开这里！"

我开始浏览公司的内部网来寻找在其他部门工作的机会，过了一会儿，我发现了一个看起来很有趣的部门，这个部门不起眼，专门负责互联网技术。我想这就是我以后要发展的地方了。我申请了一个职位，这份工作主要负责搜集竞争对手的情报和战略。在面试之后，我得到了这个职位并迅速投入工作。仅仅几个月后，电话卡部门开始签外包合同，同时大规模裁员，这比我预期的要快多了。在技术平台上花费的数百万美元已经打了水漂，因为无论是内部还是外部市场都有无数销售电话卡的竞争对手。而隔壁付费电话部门也大半被抛弃了。

因为不断出现的新技术总会颠覆现状，这个故事在不同时间、不同行业中会重复上演。无数公司潜意识里都认为自己行业有着持久的竞争力，并且从业者都是大同小异的实体，遵守着同样的行业规则。但现在形势已经改变，最新的例子就是像优步（Uber）和爱彼迎（Airbnb）这样的机构爆炸式增长，这两家公司都没有有形资产——汽车或酒店，却已经改变了各自的行业。

我的这段故事发生在 20 世纪 90 年代末。当今，行业的断裂和突破步伐更快，所以我们每个人不管是为机构工作还是为自己工作，都需要做好准备，来识别正在发生的事物。就像海底下的潜水艇，我们需要保持耳聪目明，以便能随时探测到微弱的信号，及时做出反应。

我讲这个故事是为了说明保持开放心态和好奇心理的重要性，这样我们就能识别机遇，这也是本章讨论的主题。识别是一种能力，这种能力会使人注意到产生灵感的机会空间，而产生的灵感可能会激发全新的产品、服务、流程、商业模式或工作方式。

识别技能是以未来为导向，指有能力发现那些孕育丰富变化的领域，也是指预测未来的能力，比如识别那些可能引起行业变革或者改变顾客购买行为的社会态度和趋势。

从领导者的角度来看，识别技能带来力量和信心，让你明白应该把努力和精力放在哪些具有战略重要性的领域。

从我们在世界各地收集的数据来看，在各行各业和各种类型的个人中，识别能力普遍较弱。为什么呢？很大程度上是因为识别能力高意味着偏离日常的商业活动和短期的需求导向，意味着以不同的、更广泛的方式思考。而且如果最终要采取行动的话，就得改变整个方向，然而这通常很难做到。

识别者往往在发掘新机遇方面眼力极佳，在机构中却总被误解。他们能预见未来，但有时预测太远导致其他人不把他们当回事。要不最好也只是让人觉得很有趣，但其他人会认为与自己手头要做的事情无关。如果企业重视创业人才培养，那么就需要鼓励识别者，大力培养和发展这些技能。

识别者概述

创新作用：提供愿景、方向和全新可能。

思维模式：好奇。

识别者的优势：

1. 勾勒和预测未来；

2. 把握趋势模式，寻求全新发展的机会；

3. 具有前瞻性、战略性，发掘不易发觉的机会；

4. 好奇心强、兴趣广泛、求知欲强；

5. 积极的生活态度，视他人之问题为己之机遇；

6. 外向型视野，对周围一切感兴趣；

7. 结识新朋友，相信新朋友能给他们的社交圈带来新想法。

旋转的图像反映了好奇的思维模式。它是开放的、动态的，具有探索性，并能自己产生动力。

识别者的挑战：

与其他所有优势一样，当这些优势超过一定限度时反而会带来挑战。

- 由于识别者通常考虑较大的格局，常常会遗漏细节。
- 由于识别者以未来为导向，他们可能会失去对现在的关注。
- 如果没有新事物、新思想和新思维方式的刺激，他们很容易感到无聊。
- 如果在知识操控下，有时他们向别人解释事情会过于抽象或概念化。

如果识别者具有领导能力，则会很乐意为他们的团队和机构提供战略上的重点。他们也善于创造一种文化和环境来帮助他人寻找充满机会的全新领域，鼓舞人们制定宏伟的计划和在更大格局内思考。

在有团队组织的背景下，识别者需要学习如何影响周围的其他人。识别者通常能够激发新的观察和思考方式，而这些都是那些想要创新的团体迫切需要的。但如果识别者做不到这一点，他们最终会感到挫败，被他人忽视和误解。

识别者所面临的挑战是学习如何用人们能够理解的方式进行交流，并激发他人思考未来的可能性。

如何与识别者沟通

根据识别者的六个"I"融合概述，以下列出如何与识别者有效沟通的行为准则。

六 "I" 创新

要	不要
对可能性和机遇保持开放的心态	把发现的范围缩小得太快或者只关注现在
给他们时间探索面向未来的新趋势	让他们参与维护当前系统和流程的工作
用宏伟的愿景和计划激发他们的想象力	把他们的工作范围限制在普通工作上
鼓励他们开拓未知的领域	限制他们的思维，只让他们解决日常问题和挑战

识别技能

帮助我们识别机遇的技能众多，但我们将把重点放在对创新阶段至关重要的六个核心要素上：

1. 展望和想象未来；

2. 发现和了解趋势；

3. 积极寻找机遇；

4. 扩大社交和扩展人脉；

5. 使其他人能够寻找新机会；

6. 为其他人探索可能性提供战略指导。

下面我们逐个来讲解。

在整个章节中，为了更清晰生动地阐释创新过程，我将采用一些案例来加以说明，还会提供一些实用的方法、活动和工具来帮助你提高识别机遇的能力和信心。

以下是提高识别力的技能、工具和活动项目列表。

技能	工具	活动
展望和想象未来		提高探索技能（包括心理、身体和社会方面）
发现并了解趋势	分析趋势，PESTLE 法	
观点积极，发现新的机会	客户个性洞察力培养	发展观察技巧
拓展社交和人脉		扩展人脉

续表

技能	工具	活动
帮助他人寻找新机遇		为新思维创造空间
为其他人探索可能性提供战略指导	优先机遇领域	

技能一——展望和想象未来

世界是动态的，不断进化的。这本书最受欢迎的地方是职场。很多人仍然希望每天起床，到达上班地点，然后在电脑面前坐8~10个小时，其间穿插着会议和其他活动，但我们的工作方式正在发生变化。传统上，企业依靠一系列中间人（或中间机构）来完成工作。例如，在过去，如果你想建立一个新的网站，你必须去找自己国家的网站设计机构。

如今，许多这样的机构正被从传统的供应链中剥离出来，新的中介正在形成。Upwork就是其中之一。我们主要用它来做图形和设计支持，但Upwork涵盖了各种不同的服务。我们的团队很大程度上是由我们从未见过的人员组成，有些人我们甚至从未交谈过。他们来自不同的国家，有着不同的背景，如摩洛哥、印度和马来西亚。我们通过Upwork平台进行合作，他们会制造出一些迄今为止我们购买过的质量最好的产品。他们多产、高效、富有创造力而且反馈及时。他们交付成品，我们则货到付款。由于他们没有昂贵的办公室管理费用和与机构相关的所有开支，他们可以保持低成本。他们生活在以美元为通用货币的经济体系中，与英国、美国或新加坡等国提供相同服务的同行们相比，他们具有难以置信的竞争力。当我们看到这样的线上市场出现时，能得到什么结论，比如工作模式是如何演变的，以及现有的管理模式在未来会发生何种变化？

为了更好地预见未来，我们需要通过在线搜索工具来发展我们的探索技能，我们并不缺乏获取知识的途径。无论是搜索真实的国家、某些行业或某个主题，你都可以探索从未去过的世界。我记得互联网出现之前的世界，离现在并不太远。我还记得那时要去图书馆，用百科全书和参考书来做研究。现在再也不必那么做了，这为探索节省了时间。

 活动

提高探索技能

精神探索

- 广泛阅读。

- 倾听那些能扩展你思维的有趣之人的谈话。例如新型或传统媒体上那些探讨某个你一无所知领域的讲话。

- 了解塑造世界的趋势。

实地勘探

- 探索自己国家的不同地区，去你从未去过的地方。例如，如果你是一个"城里人"，周末去探索乡村，看看大自然能教你什么。

- 如果实地旅游在经济上受到限制，那么就进行精神旅游。例如，浏览旅游网站。

- 吃你从未品尝过的食物。
- 学习新的技能或培养新的爱好。

社会探索

- 花时间和比你年长、比你年轻的人或者与你兴趣不同的人交谈。看看你能学到什么。
- 看看其他人或机构在做什么，特别是那些处于发展上升阶段的人士。

技能二——发现并了解趋势

看到未来是一回事，理解未来是另一回事。识别者就很擅长理解未来，他们能够窥一斑而知全豹，他们看到的不是一个个随机事件，而是像相互连接的线一样编织在一起形成的模式。

例如，在未来几年里，我们为老年人提供服务的方式将发生巨大变化。影响这个行业的大趋势是什么？监管和政治变革是其中之一，但还有许多其他变化：远程医疗服务和技术变革的进步和可及性；积极养生模式的增长；长寿的趋势上升；婴儿潮一代对机构生活和变老的态度；老年痴呆和其他与大脑相关的疾病增多，还有很多别的疾病数量也在增多。在新的研究趋势中，小空间开始出现，在好奇的头脑中，这些小空间可以产生创新。

识别者对影响他们工作或行业的重大影响保持开放的头脑和宽广的胸怀。情况正在改变，什么样的趋势会影响到你想要创新的领域？

工具

趋势分析

1. 过去是什么塑造了你想要创新的领域？

2. 现在是什么在塑造它，变化有多快？

3. 是否会出现改变现在运作方式的重大变化？尽管目前看似不可能。

4. 列出影响你想创新的领域的趋势。

5. 每个趋势对你的项目想法或挑战有什么影响？

趋势一_____

影响　_____

趋势二_____

影响　_____

工具

PESTLE 法

有一个有助于纵观全局的简单工具——PESTLE 法（P 代表政治、E 代表经济、S 代表社会、T 代表技术、L 代表法律、E 代表环境）。这是一个很好的起点，从此你可以分析那些影响你想创新的领域内的大趋势。

1. 使用示例表作为指导，列出所有影响你的方面（或不在列表上的其他方面）。

2. 你从这个练习中获得了什么见解？是否可以发现某些模式？

政治	经济	社会	技术	法律	环境
政府型	税收	人口增长	新兴科技	消费者法律	气候
政府稳定性	经济增长	教育系统	科技发展速度	劳动法	地理
贸易限制	利率	就业率	研究及发展活动	健康安全法	发生自然灾害的倾向
媒体自由	汇率	年龄分布	自动化程度	行业规范	天气
腐败	经济变化	工作态度	自动化技术取代人工的发展速度	反托拉斯法	法律
劳动法	国外投资	社会流动性	科技突破程度	反歧视法	企业社会责任

技能三——观点积极，发现新的机会

早在21世纪初，我就有幸在一家大型国际研究公司的创新部工作。在这里，我接触了一些创新方法，这些方法帮助公司了解他们的市场需求，无论需求是来自消费者还是企业用户。其中有一种人被称为"洞察世代"，他们能够理解人们需要什么，以及他们在努力满足这些需要时所面临的挫折。

洞察往往是通过观察人们和他们所面临的问题而产生的。举个简单的例子：飞机上的平板床。坐飞机时很容易产生的洞察是：我需要精神焕发地到达目的地，做好工作准备，但局促的空间使我无法入睡，我很不舒服。这样一个洞察立即激发了一些满足这一需求的想法和解决方案，如1999年维珍大西洋航空公司（Virgin Atlantic）推出了J2000斜躺座椅。

通常，我们把创新的能力等同于创造力，这一问题我们将在本书的"激发"一章详细讨论，但实际上，我们还有些事情需要在此之前完成——我们需要能够识别需求的能力，以便我们看到机遇可能出现的地方。在平躺床出现前，商务舱旅客只能忍受着局促的感觉，因为除此之外别无选择。这就是一个问题。识别机遇需要透过问题表面看本质，以揭示更深层次的需求或困难。这里蕴含着提出新的想法和解决办法的机会。

更好地看到机遇的能力始于观察技能的提高。

 工具

客户个性洞察力培养

"创新需要以客户为中心"这一说法很容易，但你的客户是谁？名叫"客户个性"的工具将帮你真实再现你的客户，你能从中看到你创新服务对象的本质。其中包括但不仅限于人口统计信息，如年龄、性别、收入水平，还包括更多的心理统计知识，如动机、价值观和兴趣。

1. 使用以下标题思考你的客户是谁：

人口统计学

- 年龄范围

- 性别

- 收入水平

- 教育水平

- 种族

- 公民身份

心理统计学

- 态度
- 价值观
- 生活方式
- 性格
- 兴趣

找一张图片来代表你的客户个性。

2. 这给了你什么样的洞察，你需要观察谁，与谁交谈，以及如何确定他们的需求？

 活动

成为观察者

1. 思考一下你想在哪里创新：你想解决的问题是什么？

2. 围绕这个问题的需求和困难是什么？

通过观察他人和研究你想创新的领域，让自己沉浸在这个问题中，并将你的观察用句子写下来：

- 用客观的语言："那个人说……"，"我看见了……"，"我注意到……"，"据报道……"
- 写下你的观察。

 工具

培养洞察力

- 列出所有与可能阻止问题解决的观察结果相关的需求。

- 把这些需求用含有"需要"和"但是"的句子写下来，以激发创造性张力。

- 以潜在客户为对象测试你的洞察力。

- 把这些洞察力写下来，哪一个最强？

例如，这个简单的洞察可以让带轮子的行李箱问世。

观察："我看到男子正费力地提包……"

洞察："那人需要把他的包搬走，但它分量很重，伤了他的肩膀。"

这就是我们所说的洞察力表达。

你知道吗？

1970 年，时任美国一家行李箱公司副总裁的伯纳德·萨多（Bernard Sadow）在一次家庭度假归来时，背着两个沉重的行李箱穿过机场，这个经历令他产生了灵感。当他在海关等候时，他看到工人把一个沉重的机器放在带轮子的手推车上毫不费力地推着走。回来工作后，他从衣柜上取下脚轮，装在一个大旅行箱上，果然省了不少力。他为新产品申请了专利，记录下他观察到，由于长途航空旅行的增长和火车旅行的减少，人们正在以一种新的方式运送行李。专利说明书写到，以前行李由搬运工搬运，在靠近街道的地方装卸。而现在交通工具停靠的大型终点站，特别是航站楼，增加了行李搬运的难度。

尽管这是个好主意，但他仍很难卖掉他生产的滚动的行李箱。因为这是一个新概念，人们需要时间去适应一种新的行为方式，尽管这种方式比现有的更好。但人们还是习惯手提行李，或把手提箱绑在小型折叠推车上从后面推着行李走。人们改变起来是很慢的。

> 他把它展示给了纽约市不同的百货公司和其他潜在零售商，人们都觉得他疯了。最后，梅西百货订购了一些，在梅西百货开始推广"滑动的行李箱"后，市场迅速增长。
>
> 在其后近 20 年的 1987 年，西北航空公司的飞行员鲍勃·普拉斯（Bob Plath）发明了我们今天使用的标准黑色手提箱，箱子上配有两个轮子和一个伸缩拉杆。这两个轮子和长长的拉杆让手提箱能垂直提起，而不是像萨多的四轮型箱子那样被平拖。普拉斯最初把这种拉杆箱卖给了机组人员，但当旅客在机场看到乘务员拖着这种拉杆箱穿过机场时，一个全新的市场诞生了。

平板床和拉杆箱可能不是改变世界的创新，但它们无疑让旅行更加轻松愉快。

这些简单的例子也印证了观察的重要性，以及观察力如何帮助我们识别可以为新产品、服务、流程和商业模式创造机遇的领悟。识别机会并不一定非得带来根本性的技术进步，往往无关紧要的小事也会给创新带来新的机会。

我们现在读到的例子看起来很明显，很普通，但人类花了多长时间来创造一个解决这种简单需求的方法呢？这需要观察、记录和横向思考问题，以激发新的解决方案，这是本书下一部分的主题。

技能四——拓展社交和人脉

能结识各种各样的朋友是我喜欢在亚洲生活的一个原因。外出参加社交或商务活动时遇到来自七八个国家、行业和背景均不相同的人的情况并不少见。我也生活在一个多元文化的社区，有不同的节日、食物、宗教和思维方式，我发现建立新联系很容易，我也享受与人交谈所带来的刺激。我对他们的故事和生活很好奇。

现在当我们想拥有大型朋友圈时，我们常常会想到我们在不同的社交媒体平台上可能有多少朋友，但这不一定是我所说的那种人脉。这不仅仅关乎我们有多少"朋友"，或以某种方式和我们联系的人是有用的，而是联系的多样性，以及我们在线上和线下与人接触和互动的质量。

这种质量不一定会带来深刻而有意义的友谊，尽管有些关系确实带来了这种收获，但更多的是丰富了对交往的一方或双方都有益的接触。为什么构建人脉是创新的关键技能？这是因为它开拓了我们的视野，让我们用其他的视角和方式来观察世界。在我们想探索某个机遇或解决某个问题时，如果我们找到能在这些方面帮助我们的人，我们就能快速取得进展。构建人脉让我们有广阔和开放的思想来学习新事物。

 活动

扩大人脉

想想和你有接触的人，他们多样吗？我们的交际圈往往很小，与我们交往的人也往往很少。我们日常接触的人总是具有相同特质，因为我们常常会被与自己相似的人所吸引。如果我们身边都是与自己相似的人，我们就不会创造一个广阔的视角。这里有一些想法可以尝试：

● 写下一些你认识的人，这些人涉足了你想创新的领域，这有助于你加速知识积累。

- 在你的人脉中，你知道谁可以介绍新朋友认识吗？
- 在你感兴趣的领域内，有哪些社交活动、会议和在线群组？加入一个，看看你能建立什么样的新关系。
- 设法一周认识两个新朋友。

技能五——为他人提供探索机遇的战略方向

发展这些观察和思考模式是一回事，但是你有能力让别人也有同样的观察和思考能力吗？在这里，我们讨论的是引导他人创新的能力，能帮助他们探索充满机遇的新领域。此刻你开始放大和利用你自己的能力，并扩大自己的影响力。那种如独行侠般独自创新的日子已经一去不复返了，我们生活在一个全球化的世界，相互之间紧密相连，无论你是独自工作还是团队合作，我们都会与他人有某种联系。有时这些人并不在我们身边，可能远在千里之外。我们激发和鼓励他人扩展思维和看到新机遇的能力是一种极佳的天赋，让我们具备领导力，也有助于培育鼓励创新的文化。

当我在一家市场研究机构担任客户主管时，我鼓励团队每周一次聚会，并带来一些不局限于我们所从事行业的有趣的文章、博客、书籍或视频节选。我把这些聚会称为"新鲜空间"，这是一个重新思考的契机。活动目的是打开我们的思路，拓展我们的视野，帮助我们看到影响客户的趋势。这一活动激发了很多新想法。它还帮助我们更好地为客户服务，同时也为我们的谈话带来新想法。

活动

为新思维创造空间

● 试着领导他人，并帮助他们挑战原有思维方式。

● 如果你有一个团队，或与同事一起工作，留出一小时来分享关于你想创新的领域的想法和信息，而不是日常的商业活动。

● 创造一个固定的"新鲜空间"来鼓励自己和他人学习了解新事物，并将其与自己或他们的工作相联系。把这个日子在日历上标注成醒目的黄色，即使你的工作再忙也别删掉。

不管你是一个企业家还是在大机构里为别人工作，为新思维创造空间都很重要。

技能六——提供战略重点，以便识别机遇

当你想拥有一个开放的头脑，能想象未来，了解趋势和模式，保持好奇心并鼓励别人也这样做时，你需要引导和集中你的注意力。如果做不到这点，你的精力会分散到多个方向，最终得到了乐趣却没什么意义。我经常在很多创业型机构中看到这一点，包括我工作过的机构和仅聘用我为顾问的机构。例如，我曾工作过的一个创业机构的所有领导都高度重视识别和激发能力，这家公司有很多想法，对可能性和机遇也非常敏感，但他们却不能集中注意力。这导致那些需要明确方向的员工屡屡碰壁，最终，他们把时间和资源浪费在购买太多新项目上。他们热情高涨，心情兴奋，想法众多，但很少见效。要领导创新项目需要做出选择，需要有焦点，无论是对你自己，还是一群人。

我们可以把一个机遇空间比作一个可以探索的运动场。四周围有篱笆，篱笆间有缝隙，可以看到另一边。它没有束缚我们，而是让我们的注意力足够集中，这样我们就知道该从哪里开始探索新的想法。

 工具

机遇优先级

重新审视你的目标，审视你识别为潜在创新空间的充满机遇的领域：

- 哪一个最符合你的目标陈述？

- 按重要性排序。

- 选择你认为最符合自己目标的机遇领域或观点。这并不意味着你不能重新选择其他你认为重要的机遇和观点。你可能会发现这些选择之间可以协同作用，或者它们在你的创新过程中完全融合。你或你的团队在创新的过程中时间精力有限，所以在进入激发阶段之前要确保有一个明确的焦点。

机遇领域名称/标题	与目标低适配	与目标中适配	与目标高适配
机遇 1			
机遇 2			

创新不是一个线性的过程，你可以从任何一个"I"阶段开始你的创新项目，但是从教学的角度来看，我们从目标和识别开始，有助于明确下一步的方向和原因。如果某个项目或活动是别人给你安排的，那么就问问自己一些有关识别阶段的问题。这将帮助你更深入地思考你想做什么。

错过识别阶段的危险

- 你（或你的团队）无法就合适的机遇达成一致时会导致一致性和方向性的缺乏；

- 你产生了一些想法，但不知道该怎么做；

- 当你只专注于解决当前的问题，有可能错过了更大的机遇；

- 你的想法可能无法解决问题或未满足客户或市场需求。

识别的思维模式：
学习或体验新事物的超强愿望

好奇心

我在伦敦的一家旧书店里翻来找去，偶然看到一本黄色封面的书，封皮有一个词："好奇心"。这本书由托德·卡什丹博士（Dr Todd Kashdan）撰写，引用科学、故事和实践练习，向你展示了如何成为一名好奇的探险家，即他所说的能适应风险和挑战的人，能在一个不稳定、不可预测的世界中发挥最高水平的人。这本书非常值得去读。

我认为保持好奇的思维模式与创造力有着密切的联系，如果你要培养一种好奇的思维模式，你就需要用不同的灵感来源滋养你的心灵。我喜欢阅读小说和练习创造性写作。对你来说，你的来源可能是另一种活动。也许是你小时候喜欢的东西，或者是你想花更多时间的爱好，比如演奏乐器、跳舞、表演、绘画、运动等任何让你感觉迷失在另一个世界的东西，在那个世界中你不需要集中注意力。打个比方，我谈的演奏乐器不是你为了通过乐器等级考试而去演奏乐器，而仅仅是因为喜欢演奏它，它会让你感到沉醉自在而非倍感压力。

下面我来谈谈如何拥有更多的好奇心。我们知道，很多想法都是随机的，它们可以来自任何地方，而不仅仅出现在工作中的头脑风暴里。我们常常顶着很大压力开展工作、推动进程、完成结项，每天、每周、每个月都步履匆匆，很少能回头去看我们是如何做的。我们的工作充斥着大大小小的会议，节奏异常紧张，占据了所有的时间。我们失去了个人的生活。

保持好奇心还包括不要急于给事物贴标签、下定论，或者把它列入"我不喜欢的盒子"、"我不感兴趣，这不是我的菜"当中。我们不仅可以通过发现新事物，还可以通过重新关注熟悉的事物和人，尝试用新的视角去看待事物来建立好奇心。

如果你是一位家长或者从事的工作与孩子有关，想想你应该如何培养好奇心。我很幸运，我的父母并不古板，他们常常做事跟着感觉走。当时，这可能不利于我的教育，也不符合社会规范。谢天谢地，实际情况恰恰相反！培养好奇心不仅仅指报名参加某个周二晚上放学后的艺术课，而是如何培养他们年轻而开放的想象力，对周围的世界始终抱有长久、充分的好奇。学校难免默守陈规。

例如，一位朋友通过与家人讨论风俗、衣着、语言和文化来了解不同国家的差异。他们尝试新的菜谱，一起吃饭，学习不同国家语言中的单词和短语。当我还是个孩子的时候，每到周四全家会安排一个阅读夜晚。爸妈、姐姐和我会在晚餐后围着桌子一起阅读小说，轮流大声朗读。

看看你周围，有多少夫妻或家庭只顾着玩手机，没有讨论，没有交流，也没有社交。我知道我必须阻止自己把手伸进我的包里去拿手机浏览社交媒体网站、阅读电子邮件，或者看看有没有人给我发信息。好吧，我们生活在一个相互联系的世界里，但是这种社交冲动会让人上瘾，不利于我们培养好奇心，对社会发展也有弊端。

在演讲中，我经常谈到加入暂停按钮，深呼吸，或仅停下来观察你自己或你周围的人。这不仅有利于让你更专注于当下的生活，还有助于提高思考能力，产生新的见解。因为思考空间似乎是在不经意间以某种神奇的方式被创造出来，洞察力在这个空间中缓慢形成。拥有好奇心的人往往具有创造力。

这就引出了创新六个 "I" ® 模型中的第二个 "I"。我们将在下一章 "激发" 中探讨这个话题。

> **你希望培养起具有好奇心的思维模式吗？**
>
> 　　这个方向或态度会让人有强烈的欲望去探索、提出问题、了解更多吗？

 尝试

1. 重拾你孩童时的爱好或兴趣。花一个晚上或用周末的时间来探索这种兴趣，注意它让你想到或感到了什么，有没有激发你的好奇心。

2. 选择一项你觉得不吸引人或你不是特别喜欢的活动，比如去参加一项你不喜欢的运动，或去看一场你认为会很无聊的戏剧，听一些你平时不怎么感兴趣的音乐。在活动中寻找三件你认为独特或新奇的事情，在一周中保持这种开放的心态，看看你还注意到了什么。

3. 下次你习惯性地找手机时，停下来，不去看它。看看你自己能保持多长时间不看手机并专注于周围的谈话或活动。周围都发生了什么？

4. 提高你的观察技能：坐在长凳上10分钟，只看从你身边经过的人。他们长什么样？他们表现如何？这告诉你人类的行为有什么特点？

5. 当与他人交谈时，尽量对所有谈话内容保持开放心态，不要做出假设或对你正在讨论的话题进行分类，不要进行评价。

6. 这个周末出去的时候，不要急着到处跑，放慢自己的速度，注意自己身体的感觉，你看到了什么，听到了什么，闻到了什么？

7. 找一个你不感兴趣、朋友们却饶有兴趣的领域。问问他们，找出两项他们认为新奇的东西。

8. 第一次尝试上述第5、6、7项活动时，先各尝试一分钟，之后在不同情况下和不同的人重复进行上述活动，每次尝试各项活动时间都增加1分钟。你的好奇心渐渐多起来了吗？

9. 练习，练习，再练习。

把"好奇心"这种思维训练活动加入到你的生活中吧。

请使用这个清单，确保你已经掌握了识别能力中的要点。

活动	完成情况
我研究了影响自己所在行业的趋势，并发现了一个创新机遇	
我彻底研究了自己想要创新的领域，通过揭示客户个性（理想客户）考察了客户的实际需求	
我已经确定了机遇领域，形成清晰的客户观察结果，其中有一个具有创造性并迫切需要解决的紧张局面	
我尝试了一个以前从未尝试过的活动，感觉自己的思维得到拓展。我在日常生活中积极培养好奇心	

你如果希望进一步提高技能和思维模式，请参考本章的资源指南。下面我们来认识瑞克·特奥（Rick Teo），他在创新六个"I"® 模型中得分最高的是"识别"。

走近瑞克·特奥

识别者个人资料

姓名：　　　　　　　　　瑞克·特奥

职务：　　　　　　　　　南亚（新加坡）高级区域主管

公司：　　　　　　　　　利奥制药

六个"I"® 模型中的最强项：识别者

你现在想用创新来解决什么挑战？

由于医药市场高度规范化，在这里取得创新尤为艰难。许多想法行不通，很多事情做不到，这意味着我们需要想办法。我们的产品最初产地在总部丹麦，因此创新在于如何把我们的产品市场推广到南亚 13 个国家。

通过你的创新六个"I"® 模型评估结果可以看出你是一个识别者。这种评估结果如何影响或改变了你的工作方式？

由于行业性质及其缓慢的运作速度，人们通常将注意力集中在不能做的事情上，而不是能做的事情上。但是我们周围正在发生着巨大变化，我们的行业也是如此。工作结果影响我进行自我反思，同样也影响我预测未来市场的发展趋势。我需要做好准备去适应不断变化的业务，为我们下一步的发展打好基础。

你是如何发挥自身优势的？对那些想要在识别阶段做得更好的

人，你有什么建议？

出去走走，与更多的人以及你的同龄人交谈，花时间进行一些交流，比如了解患者和医护人员的想法。你如果看不到超越自己认知范围的事物，就需要从其他人那里汲取，这样才能找出差距。善于识别并不总是意味着你能识别出正确的事物。所以你需要勇气，你要有尝试的能力，不尝试就等于失败。了解自己的优势有助于思考如何工作，如何充分发挥团队力量的重要性。

你会采取什么措施来改进你不足的领域或拓展对你重要的领域？又会如何落实？

调查是我关注的重要领域。毕竟有些想法并不好，还有一些想法我认为没用，但如果对它们进行更彻底的调查，也许与我最初的判断会有出入。我不想扼杀一个想法，也不会马上肯定它，而是学习如何在一个想法与它的投资和实施之间架起调查的桥梁。一种方法是引入相关领域的专家进行深入调查，从而能帮助我快速看到自己的盲点；另一种方法是继续进行"市场跳水"或有计划的短期试验，彻底调查某个想法是否适合某个国家的市场。

创新六个 "I" ® 模型对你和你的团队/业务有什么帮助？如果有帮助，你能分享些案例吗？

我们与人力资源部门合作，在南亚开展了一个以创新为重点的人才发展项目。我们积极地利用六个 "I" 创新模型为指导来构建开发新商业销售和市场营销理念的框架，进一步实施并利用这个模型来与我们的卫生保健专业人员（HCPs）建立更紧密的关系。在这一过程中产生了创新产品，开发和推出了一个高质量的护理数字平台和在线应用程序，来帮助卫生保健专业人员治疗牛皮癣患者。

你有没有做出一些自认为有创新性的成果？

2013 年，我们用于治疗皮肤感染的抗生素产品——夫西地酸（Fucidin®），在菲律宾只占 1% 的市场。尽管我们获得了直接通过药店向患者销售非处方药的许可证，但我们一直通过医生渠道或处方药渠道进行推广，效果不佳。过去十年里市场业绩表现平平，增长微乎其微。我们对自己的思维模式提出了质疑，并识别了尝试新推广方式的机遇。我们激发了转换非处方药推广集成模型的新想法，这对我们来说是个创新，因为这是利奥制药在亚洲的第一次尝试。我们调查了推广产品的不同方式，投入资金提升产品可视化程度，并通过与药店、皮肤科医生的合作提供免费的皮肤检查。这帮助我们提高了品牌知名度和客户参与度。我们通过有线电视、国家电视台、电台广告和名人代言实施市场营销。尽管这个行业竞争性强，但最终我们的市场份额实现了从 1% ~ 15% 的增长。我们将继续寻求方法来进一步改善该项目，给整个南亚带来更多的合作机遇。

识别资源指南

本章推荐一些学习资源，帮助你进一步了解并更好地识别机遇和培养好奇心思维模式。

资源指南

你的个人兴趣将在很大程度上决定了你是否想要研究或了解更多的领域。这里有一些学习资源和技术，我用它们来打开我的思路和视野。在创新的早期阶段，探索的广度和深度都十分重要，这将使你的大脑在不同事物之间建立横向联系，而横向联系往往是灵感的源泉。

这里有一些读物可以帮助你：

● 阅读《快速公司》（*Fast Company*）和《连线》（*Wired*）杂志 www. fastcompany. com 和 www. wired. com。订阅他们的时事通讯。书中满是精妙的想法和关于新事物的故事。

● 难道你自己不能走出去，成为潮流的引领者吗？请使用这个世界上最大的创意发现网站 www. springwise. com，为新兴世界提供新的机遇和创意。

● 如何观察——你可以在 wikiHow：www. wikihow. com/Begin-People-Watching 上找到怎么开始和在哪开始的优秀指南。作为一个观察者，提高你的技能对于识别创新机遇至关重要。这里就是好奇心开始的地方，像人类学家一样观察你周围的人和事。

● 想和那些对未来有长远打算的人交往吗？加入世界未来社会 www. wfs. org。这是一个由全球各地的个人和机构组成的社会群体，他们以未来主义者的心态来应对世界上最大的挑战。

● 每年，我都会投入一些时间和金钱来学习新的东西。我参加了巴厘岛的生食烹饪课程，了解了澳大利亚新兴的心理学，参加了柬埔寨吴哥窟寺庙的小说写作、静修等等。我的目标之一是进入奇点大学（Singularity University），这是一个以"教育、激励和给领导者授权，学会使用指数型技术解决人类重大挑战"为使命的组织。他们的网站上有一系列的资源可以激发你的灵感。（https：//singularityu. org）。

拓展阅读

有关战略思考

Anthony, S., Johnson, M. and Gilbert, C. (2017) *Dual Transformation: How to Reposition Today's Business While Creating the Future.* Harvard Business Review Press.

Chan Kim, W. and Maubourne, R. (2015) *Blue Ocean Strategy: How to Create Uncontested Market Space and Make the Competition Irrelevant.* Harvard Business Review Press.

Christensen, C. (2016) *The Innovator's Dilemma: When New Technologies Cause Great Firms to Fail.* Harvard Business Review Press.

Dyer, J., Gregerson, H. and Christensen, C. (2011) *The Innovators DNA: Mastering the Five Skills of Disruptive Innovators.* Harvard Business Review Press.

Lafley, A.G. and Martin, R.L. (2013) *Playing to Win*: *How Strategy Really Works*. Harvard Business Review Press.

有关激发好奇心

Cameron, J. (2002) *The Artist's Way*: *A Spiritual Path to Higher Creativity*. Jeremy P. Tarcher.

Kashdan, T. (2010) *Curious*?: *Discover the Missing Ingredient to a Fulfilling Life*. Harper Paperbacks.

4

激发：
启发新构思，创造新方案

IGNITE

CREATE IDEAS
AND NOVEL
SOLUTIONS

"你们当中有多少人认为自己有创造力?"我向一大批中高级项目经理发问。其中有两位举起了手。

"那么,你们其他人呢?难道没有人认为自己多多少少有点儿创造力吗?"大概又有一两位慢慢地举起了手。

我们在举办创意研讨会或进行创意思维演讲时,经常会提出这个问题,然而不管回答者来自哪个国家,从事哪个行业,他们的回答通常都是一样的。在企业里,很少有人认为自己有创造力,除非他们从事创意产业。

在回顾早上学习内容时,我问道:"那么,大家已经完成了一些开创新想法的活动,你们当中有多少人认为自己比刚开始参加这个研讨会时更有创造力?"这时有四分之三的人举起了手。

为什么会这样?

尽管人们呼吁用更有创造力的思维来解决我们今天面临的复杂挑战,但创造新想法的能力往往是许多个人和机构都难以培养的技能。

事实是,我们的大脑远比我们所相信的要可塑得多。随着人们对神经可塑性——大脑自我改变能力的认识不断增强,人们意识到我们可以改变自己的大脑,即使这需要付出很大的努力。当研习班结束时,参与者不仅松了一口气,而且还感到惊讶。因为他们意识到,在适当的工具、刺激和环境下他们可以创造一些独特和新颖的想法。

但是,接受创造性思维的训练或参加研讨会在开发我们的创造力方面的效果有限。培养有创造力的思维需要付出很多努力:我们不仅要做一些我们可能从未做过的事,这些事情可能会让我们感到陌生和不熟悉,实际上我们是在重塑自己的思维方式。

富有创造性、激发新构思，这种能力的重要性就是本章的主题。

激发阶段是创新的核心。这包括产生大量的新想法，不断地在你当前感兴趣的领域之外寻找新的知识，挑战你的思维方式。寻找不同和不相关的想法之间的联系也很重要，因为这往往是创新火花出现的地方。

它并不总是关于原创，而是能够结合不同的思维方式来创造新的东西。想一下我们在识别一章中讨论过的轮子和背包问题。创造一种人们可以自由表达想法，可以激励他人的文化是一种重要的领导技能，因为这些因素有助于创造一个信任的环境，人们可以在这里自由地表达自己的想法，而不受外界的评判。这也激励士气，有助于业务和组织获得更好的成绩。

激发者在这一领域如鱼得水，他们是最早开发新解决方案的人。他们为他们工作的组织提供创造性的能量和新颖的想法。通常，他们提出新想法，挑战现状，看看事物能有何不同以取得更好的结果。根据他们的个性，他们可能是冒险型，对尝试新事物的恐惧较小。像识别者一样，激发者更倾向于未来导向型和变化导向型。他们为创新提供了急需燃料，从而产生了创新的初始火花。激发是创新的核心，因为没有新想法，创新就不可能存在。

激发者概述

　　创新作用：为新想法和可能提供灵感、新鲜度和活力。

　　思维模式：创造。

激发者的优势：

　　1. 第一个提出新想法的人；

　　2. 善于在自己感兴趣的领域之外寻求新的知识；

　　3. 不怕挑战自己和他人的想法；

　　4. 原创思想家；

　　5. 可以看到不同和不相关的想法之间的联系；

　　6. 善于创造一种人们可以自由贡献自己想法的文化；

　　7. 善于激励和启发他人。

　　旋转的图像勾勒出创造性思维方式。涡流前后移动，表示具有开放性和探索性。

激发者的挑战：

　　激发者喜欢想出新点子，点子还很多，但是所有这些优势也会变成挑战。

1. 过多的想法会让他们分心，把注意力朝太多方向发散，这会让他们无法集中精力取得成效；

2. 他们会执着于自己的想法，而不去思考这些想法是否可行；

3. 他们太快就投入到行动和实践中；

4. 他们可以产生大量想法，却无法一一落实。

激发者面临的挑战是如何利用他们的创造力，如何与有其他能力的人通力合作，让创新变为现实。他们应该学会面对自己的想法时后退一步，在付诸行动前先呼吸呼吸，或者如果他们的行动力并不充足，那就应该选择一种想法坚持下去，好好思考怎样才能落实想法。

如何与激发者沟通

根据激发者的六个"I"融合概述，以下列出如何与激发者有效沟通的行为准则。

要	不要
鼓励他们谈论不同的想法、概念和解决方法	对他们的想法不屑一顾，或者说想法不行；要保持乐观
针对他们的想法说："是的，而且……"；而不是"是的，但是……"	过快地解构他们的想法；要让他们有进一步呈现想法的空间
让他们参与头脑风暴活动和研讨会，这将激发他们的思维和思考	让他们参与详细的项目计划，管理活动和任务

续表

要	不要
谈论解决问题和挑战的可能性和机遇	要求他们完成变化差异不大的日常工作

激发技能

尽管有许多技能可以帮助我们激发想法，但我们仍将重点放在这一创新阶段的六个关键核心属性上：

1. 产生许多选择和可能；

2. 挑战假设；

3. 设法组合或串连不同想法；

4. 拓宽思维，学习新事物；

5. 激励他人创造新想法；

6. 建立自由表达的文化氛围。

下面我们逐个来讲解。

在这一章中，我会给出一些例案来说明这一阶段的创新和实践方法以及相应的活动和工具，帮助你提高激发新想法的能力和信心。

以下是激发过程中的技能、工具和活动项目列表。

技能	工具	活动
产生许多选择和可能	头脑风暴	花时间与有创造力的人交往
挑战假设		如何挑战你的思考
设法组合或串连不同想法	平行世界 打破规则 随机选词	
拓宽思维学习新事物		拓展你的兴趣

续表

技能	工具	活动
激励他人创造新想法		激发创造性环境的方法
建立自由表达的文化氛围	增加信任的方法	建立信任网络

技能一——产生许多选择和可能

早在 21 世纪初，我曾在一家研究机构担任创新总监，负责帮助美国运通（American Express）、可口可乐、宝洁、帝亚吉欧（Diageo）和沃达丰（Vodafone）等大品牌提供创意，并开发出相应的新产品和服务。我们发现，如果把我们所说的"有创意的消费者/顾客"包括进来，创意就能得到极大的提升。"有创意的消费者/顾客"是指购买和使用我们想要创新的产品或服务的普通人，他们本人也很有创意，可以产生很多想法。例如，在与饮料公司合作创造新概念时，我们让 20~25 岁之间喜欢喝啤酒、有创新性的年轻人参与进来。邀请这样的消费者加入创新目的不是去批评现有的产品或服务，而是期待在与客户的合作中创造出更多的新想法，去挑战客户的思维方式。今天，这种做法通常被称为"共同创造"——与业外的人士共同寻找解决问题或创造机遇的想法和方式。我们面临的挑战是找到有创造力的潜在客户。

 工具

头脑风暴

1. 安排一次头脑风暴会议。有相当多的证据表明，我们越有想法越有可能找到最有用的解决方案或答案。

2. 头脑风暴不仅仅是随便蹦出一些想法，它需要遵循一些规则。

3. 开始讨论如何让有创意的消费者参与进来，帮助你制定新的解决方案。在什么环境下有效，如何让他们参与到头脑风暴里来。

规则	活动
规则 1：数量越多越好	产生尽可能多的想法。假设产生的想法越多，产生有效解决方案的机会就越大
规则 2：欢迎大胆的想法	通过挑战假设产生想法，并能从新角度进行观察，鼓励大胆的想法
规则 3：综合和提升想法	把新想法综合起来以便产生更多的新想法，这可以促进发散思维，有助于解决问题
规则 4：不要批判	在头脑风暴期间不要讨论或提问。人们在觉得不会受到评判的情况下更愿意提出不同寻常的想法

如何进行头脑风暴

来源：亚历克斯·费克尼·奥斯本（Alex Faickney Osborn），通常被认为是头脑风暴之父。

 活动

和有艺术细胞的人士在一起

花点时间和艺术家、作家、音乐家或其他从事创意产业的人待在一起。询问他们的工作以及他们是如何产生新想法的。可以提出如下问题：

- 你主要的灵感来源是什么？

- 当你工作时，你的办公桌是什么样子的？这是怎样影响你的？

- 你花多少时间独处/与他人相处？

- 你用钢笔写字吗？记日记吗？如果是这样的话，这有帮助吗？

- 你的想法是如何形成的？你认为它们来自哪里？

或者，更好的是开始为自己开发一种创造性的实践（写作、唱歌、跳舞或画画等），看看你是否开始用不同的方式思考。

技能二——挑战假设

当我还是小女孩时，在妈妈做晚饭时我喜欢在厨房里玩耍。我会把碗柜里的锅碗瓢盆、塑料瓶和各种容器取出来玩。在我的脑海里，锅碗瓢盆变成了星际飞船、火箭和各种各样想象之物。我长大以后这种想象逐渐停止了，因为锅是用来做饭的这种概念已在我的脑海中根深蒂固，它们再也变不成什么星际飞船了。

当我们还是孩子的时候，我们通过创建联系或图式来理解这个世界，这些联系或图式构成了我们大脑中神经元分支的基础。当我们学习新事物时，我们的神经元就像树一样生长，形成新的分支。大脑会自动根据这些图式对信息进行分类和归档。随着我们年龄的增长，我们一次又一次地使用同样的方式对信息进行归类，我们的神经通路变得越来越庞大，也越来越深入。在此过程中，新思想的流动开始放缓，但信息的流动速度加快了。大脑通过识别对信息进行更快的分类，需要的思考也越来越少。这就解释了为什么很多成年人觉得很难有创造力。虽然当看到一个物体时能想出它很多用法有很多好处，但如果我现在认为一个罐子是一艘星际飞船就会显得很傻气。所以当我们挑战固有的思维模式时，通常能让我们更有效地认知这个世界的深神经通路此时却会阻止我们以不同的方式思考。

我们需要刺激——寻找新的经历，让我们产生新的独特联系，这可以是任何我们目前神经通路中没有的东西。让我们从一个思维路径切换到另一个思维路径，并允许横向连接，使大脑能够创造另一种思维方式。

 活动

挑战你思维的方法

1. 思考一些你真正相信的东西，并写下你认为正确的所有理由。

- 想出你持有的相反观点，并且深信不疑；
- 写下或者仔细思考你持有某种信仰的所有原因；
- 试着用尽可能多的不同视角来做这件事。

2. 想想过去的一个月，你听到或看到了什么挑战你思维方式的事物？

- 如果你想不出什么挑战了你思维的事物，就把找到它设为你本月的目标，出去走走，挑战你的思维。
- 在每一天结束的时候，问问自己如果可以再过一次今天，会有什么不同？为什么？

3. 玩一会儿，释放你想象力的枷锁。

● 想想"如果……将会怎样？"让自己重新成为一个孩子。这里有一些挑战你思维的例子：

www. boardofinnovation. com/30-what-if-questions/

技能三——设法组合或串连不同想法

大脑分类是一个优势，因为它能够为我们处理大量的数据和信息，但快速分类有两个明显的缺点。首先，大脑做出的假设有时可能是错误的，导致我们匆忙得出结论，对人或情况做出仓促的决定。其次，大脑处理信息的方式可能会抑制创造力——每次我们试图想出新东西时，大脑都会使用相同的路径。我们陷入了陈规，跳不出思维定势，建立新的联系就会很困难。

我们很多人都熟悉"左右脑"这个术语，"右脑"负责创造力，"左脑"负责逻辑分析。尽管这些术语随着神经科学的发展而不断演变和变化，但我们必须意识到，我们花了多少时间去做那些强化了思维定式的任务或活动，这很重要，因为这会抑制我们在不同想法间建立联系。我们的社会、学校和工作场所大多推崇逻辑、理性思考、分析、判断和控制能力。据我所知，很少有组织鼓励和强化白日梦、情感、艺术、音乐、对话和整体思维方式，我也很少处于这样的环境中。这就是为什么在这方面我们还需要努力的原因，这也解释了为什么我们换种思维方式很难。判断和控制行为是必要的，事实上它们对创新也很重要，但是它们会扼杀赋予想法新颖性的创意萌芽。

工具

横向思维

工具一——平行世界

1. 想想一个品牌，比如苹果（Apple）。

2. 在一张活页挂图或一张新纸上写下所有与该品牌有关的单词。

3. 然后，依次记下每个单词，看看它能否为你的创新挑战激发一个新想法。比如苹果有简单清晰的品牌形象，如果你让自己的品牌更容易理解，这个品牌会是什么样子?

工具二——毁灭假设/破坏规则

1. 把所有与你的创新挑战或见解相关的规则和假设写在一张纸上。

2. 把每个规则依次写下来，然后写下其他的替代规则。

● 例如，"只有非常有钱的人才能坐飞机"。

● 一个假设的挑战可能是"如果我们创造一种低成本旅行的方式会怎么样?"

● 这为低成本航空公司开辟了新的商业模式，打破了航空业既定规则的假设。

样例模板

规则/假设	打破规则	新的想法
只有非常有钱的人才能坐飞机	如果我们为那些收入低的人提供更便宜的航空服务会怎样?	低成本航空（减少昂贵旅行的相关成本）

工具三——随机选词

1. 想一些与你的挑战无关的事情，例如目标、语言或图片。

2. 将目标、文字或图片与你的创新挑战放在一起。

3. 它是否激发了新的联系或是新的思想火花？

你知道吗？

美国心理学家、创造力研究的先驱保罗·托伦斯（Paul Torrance）博士在一系列纵向研究中发现，创造性思维的特点不同于智力和逻辑推理。事实上，他发现，按创造力标准有天赋的学生会有70%通不过智力测试。托兰斯认为创造力可以通过提供鼓励"探索、提问、实验、操作、重新安排事物、测试和修改、倾听、观察、感受、思考、孵化"的环境来教授（Torrance，1995）。

还有其他一些有趣的研究，其中一项是关于我们的创造力如何随着年龄的增长而衰退的。在一项纵向研究中，乔治·兰德（George Land）和贝斯·贾曼（Beth Jarman）对1600名3~15岁的儿童进行了跟踪调查。你认为他们发现了什么？在这些孩子15岁的时候，经过8种横向思维测试，他们当中是创造天才的人已经从98%下降到10%，而20万名成年人中是创造天才的人数仅占2%。这意味着，当年轻人开始工作时，他们的很多自然的创造力已经减少了。

如果你认为自己没有特别的创新力，那么好消息是这项研究发现我们可以通过学习有所改变。如果我们正在领导或管理他人，那么可以建构一个鼓励创新性思维的环境。

技能四——拓宽思维学习新事物

我们都熟悉"跳出盒子想问题"（打破陈规）这个说法。但是，盒子是什么？这种盒子是由我们如何看待事物的经验、认知和知识组成的。这是我们的世界观。在一个我们感兴趣或有经验的领域内，我们很容易会产生一些想法，因为这是我们熟悉的舒适区，我们对其足够了解。这本身并没有什么错误，只是当我们试图创新的时候，我们需要跳出固有的思维去思考。大脑分类在这里也没有什么帮助，因为我们陷入了固有的思维。这就是我们需要打破的盒子。与此相伴随的是人类倾向于遵从群体文化——正常的或可预期的行为。如果我们对那些被认为是正确的和合适的东西提出质疑，那么我们将被视为异类。这造成了各类组织中的一大困境，因为他们需要培养有创造力和有好奇心的员工，但也希望员工遵守规则。建立组织主要是为了提高效率和成长，那些能够实施计划和提高生产力的人会被奖励。再说一遍，这并没有什么特别不对的地方，但如果我们想培养新的思维，就必须挑战已知的事物，挑战我们工作、生活的组织和社会。

 活动

拓展兴趣

1. 请核对你目前的兴趣、经历和知识。

- 看看你的兴趣爱好和你的创新挑战之间是否有联系。

- 这会激发一个新的想法吗？

2. 找一位朋友或同事，他有你所不了解的兴趣爱好或话题。

- 问问他们关于这个兴趣或爱好的话题，他们为什么觉得它有趣？

- 你学到了什么？

3. 一遍又一遍地做同样的的任务或活动，再用不同的方式做一遍。

　　●如果你去上班或去一个地方总是走同一条路线，请找一条你没走过的新路。

　　●不走你熟悉的路线，故意让自己迷路。

　　4. 想想你的创新挑战或见解——是否有其他机构或个人试图在不同的领域中解决类似的问题？

　　你从他们的方法中能学到什么？

　　5. 本周，请挑战自己去学习两件新事物。

　　大脑需要新的输入来产生想法。当你把这些方法融入到日常生活中，你会发现灵感随时涌现，图像、文字和想法接踵而来并激发出新的思维方式。

技能五——激励他人创造新想法

　　你是否曾与同事分享过一个想法，结果却被否决？如果这种情况反复发生，我可以保证你不会再和这个人分享你的想法。然而，想法是创新的燃料。那么，是什么让我们与某些人而不是其他人分享自己的想法呢？也许这个人思想开放，充满好奇心；也许他们很擅长在我们的想法上做出改进；也许他们很有影响力且愿意支持我们。原因可以有很多，但这种关系的基础——尤其是在创新的早期阶段，那时的想法往往是原始的和未定义的——是一种安全感和被倾听的感觉。

　　我曾经从事过的一份工作，是受雇帮助一家机构强化客户中心制。这家公司工作氛围充满了活力和热情，让人强烈地感受到新机遇的到来。不到两年，我和许多员工都辞职离去。尽管我们专门是为了创新而招聘进来，但是实际并未如此。我曾经听到过很多次这样的答复："哦，我们以前试过了"，"那永远行不通"，"是个好主意，但它永远不会得到批准"。如果工作环境不支持新想法，最有创造力的员工可能会被扼杀。我们可能认为这样的员工有点软弱，事实上由管理者带动的工作氛围是决定能否让员工发挥出最大潜能的基础，最终会影响员工的工作积极性。

 活动

激发创造性环境的方法

1. 当有人来和你分享一个想法时，不要说："我喜欢，但是……"你要练习说："我喜欢而且……"如果你认为某人的观点受到批评，请克制你本人和他人加入批评的冲动。

2. 试着说："是，我们能行！"而不是说："不，我们不行！"

3. 如果你是一名经理或领导者，留意那些天生就会激励和鼓舞他人的员工，并帮助其他员工都去学会这样的本领。鼓励那些天生就是创新催化剂的员工，给予他们机会去带动大家。

4. 和你的团队一起看电影《目标、掌控力和自主权》，讨论如何在你的工作文化中建立更多的目标、掌控力和自主权。www. youtube. com/watch? v=u6XAPnuFjJc

5. 看看你是如何工作的。你能找到员工们愿意聚在一起聊天和分享想法的地方吗？真实的协作场地对文化氛围建设也具有重要意义。

6. 尝试"步行工作"——设计一个你与某人或与你的团队一起讨论的特殊话题，要在办公室外面或室外进行 30 分钟。结束之后，说说你的想法。在室外有帮助吗？

7. 吃一些新鲜的零食可以刺激大脑。你可以尝试十种有益于大脑创新的最佳零食：

https：//idesigni. co. uk/blog/10-of-the-best-brain-foods-for-creativity/。

8. 向拥有创新文化的公司学习：在关于 3M 公司（明尼苏达矿务及制造业公司）历史的著作《创新世纪》（*Century of Innovation*）中，四个要素被认为是培养创新文化的重要因素：

- 吸引和留住富有想象力和建设性的人；
- 创造富有挑战性的环境；
- 设计一个不会阻碍他人发展的机构；
- 提供既能提升自尊又能增加个人银行存款的奖励。

你能从 3M 公司学到什么？

技能六 —— 建立自由表达的文化氛围

几年前，我在纽约参加了一个关于神经领导学的会议，来自神经科学界的思想领袖和领导共同探讨什么科学能告诉我们如何领导他人，如何开发创新的工作场所。其中一位嘉宾，社会网络分析（SNA）领域的权威专家卡伦·斯蒂芬森博士（Dr Karen Stephenson）的发言让我豁然开朗，明白了为什么对于许多公司来说建立和保持创新文化难度大。创新可以写在你的使命宣言中，可以挂在墙上，也可以当做公司信仰中最重要的部分之一。但是，如果创新这一概念在工作中没有普遍深入人心，它就会受到侵蚀、破坏，甚至完全停滞不前，不管高级管理层的意愿如何。自己有新想法是一回事，但如果你能创造一种文化，让别人可以自由地分享他们的想法，你就能超越自己的能力来利用这种技能。

工作不一定要通过设计清晰的组织结构图来进行，而是时刻存在于公司不同部门间人与人的交谈、倾听、支持和挑战当中，它是随机的、自发的。领导地位是被赋予的，而非索取得到的。正是领导者身边那些无限信任他的员工给予他领导地位，高级副总裁可不仅仅是印在名片上的头衔。想要培养创新力吗？如果你让人们分享的想法总被那些坚持维持现状的人默默否决掉，那么创新就无法实现。根据我们与斯蒂芬森博士合作的经验，一开始就看到建立信任关系重要性的公司一定在建立和维持创新文化方面占有领先地位。

 活动

增加信任的方法

1. 可靠和可信赖是建立信任的两个关键因素。本周，如果你承诺他人你会做某事，那就一定要做到，否则就不要承诺。

2. 当有人向你分享一个想法时，要注意你的反应。改进这个想法而不是批评它，你可以说"我喜欢的是……"，对他人的想法保持开放的心态。

 工具

信任网络

在一张纸中间写上你的名字，然后写下与你分享新想法的人名。

1. 在自己和他人之间划一条线表示信任度，信任度越高，线条越粗。

2. 如果你经常联系这个人，画一条较短的线。

3. 你有多少值得信任的关系？

4. 你是否过于依赖一个人或两个人？如果是这样，试着发展其他关系。和很久没联系的人重新联系。例如，在这幅图中，A是可信的，但不经常联系；D是高度可信的且联系很多，也许联系太多了。这个人可以加强他们与E的关系，E虽然联系不是很亲密，但是有中等程度的信任。

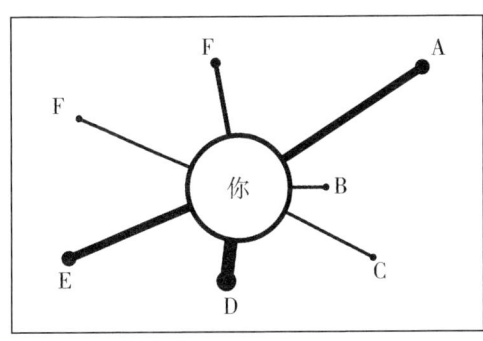

错过激发阶段的危险

● 你（或你的团队）可能会产生一些缺乏创造性和新颖性的想法；

● 你产生的想法不够大胆而且肤浅；

● 你最终会产生的结果可能缺乏深度和创新影响；

● 产生的想法可能只能解决渐进式的挑战。

激发的能力需要多样性，需要多样化的思维、多样化的投入和视角。你怎么做才能产生更多的想法？要进一步开发一系列激发技能，具体请参阅本章资源指南。

激发的思维模式：
执着追寻新可能的态度

创造力

你什么时候最后一次在期刊架上寻找真正时尚的设计杂志？你什么时候最后一次走进迷宫或参加搞笑俱乐部？你可能会觉得这些问题真奇怪，但《全新的思维：为什么右脑思考者会引领未来？》（*A Whole New Mind：Why Right-Brainers Will Rule the Future*）一书的作者丹尼尔·平克（Daniel Pink）却并不这么认为。平克先生认为这个社会、教育和培训为已经成型的生活做了充分的准备，这个世界需要大量持续的左脑思考，或者简单来说，就是需要计划、分析、写作和计算。但仅凭这些左脑思维远不足以让我们应对未来。不妨加一句，未来已经来到，需要一种不同类型的思维、一个全新的头脑。我们必须培养和释放我们右脑，它负责做梦，识别人脸、表情和创造力。我们需要综合运用右脑思维和左脑思维，培养创造性思维。

创造力——用想象产生全新观点的能力是创新的燃料。因为如果没有创造力，我们就不能产生新想法，也不能将这些想法转化成创新成果。可悲的是，对我们很多人来说，随着年龄的增长我们的创造力和想象力会慢慢被侵蚀，我们会发现越来越难产生新想法。但还是会有希望！我们可以利用新经验、新知识和创造工具，开始更有创造性的思考。

左右脑之外

作家伊丽莎白·吉尔伯特（Elizabeth Gilbert）在她的著作《大魔术》（*Big Magic*）中把创造力比作一种要素，就好像它在寻找能够与之合作的主人，亦或是一个人或几个人，从而把自己带入物质世界。对于生命来说，这个比喻是指接受性，对可能涌现的创新见解或灵感要像一个敞口容器一样接收它们。这可能就是为什么潜意识扮演着如此重要的角色，也是为什么许多有创造力的人说潜意识似乎来自"虚无"。思想在他们的头脑中潜藏，只有用想象力调取它们时才开始成形。

探讨左右脑的区别已经有点过时，尤其是现在神经科学已有很多新进展，我们的潜意识所起作用也有很多新发现。不过，这仍然是一个有用的概念，它可以帮我们思考活动的类型，构建创造性思维，重复训练我们的大脑。这样即使我们的思维方式仍然是以左脑为主导，但思想仍会从"虚无"中涌现。这个表格提供了一个有用的功能清单，这些功能通常与大脑的不同部分有关。

左脑	右脑
时间	几何图案
单词	脸
自控	情感表达
逻辑	直觉
语言	非语言声音
判断	音乐
顺序	谈话
文字记忆	非文字记忆
清单	白日梦
分析	创造力
阅读	距离
竞争	颜色
体育	艺术
协调	图形

灵光一现的经典案例是魔术贴（VELCRO）® 的发明，它是衣服或其他物品上的扣件。魔术贴是由两种材料制成，一条材料上覆盖着微小的圆环，另一条材料上覆盖着微小的柔韧的钩子，当它们被挤压在一起时就会粘住。这是由瑞士工程师乔治·德·梅斯特拉（George de Mestral）发明的。有一次，梅斯特拉从阿尔卑斯山散步回来后发现衣服上和狗身上都粘满了苍耳，在清理时他感到很好奇，苍耳的小钩子是怎样粘在他身上的？他把苍耳带回家，放在显微镜下观察苍耳刺末端的小钩子。他发现一种"互锁装置"，这激发了他的思考。一排排小小的互锁钩在衣服上会

有用吗？这启发他创造了现在普遍使用的魔术贴。

如果你还记得，我们在本章的技能部分讨论过不同的创造力工具。魔术贴的灵感与创造力工具——随机选词相似。两个不相关的概念结合在一起产生了一个新想法。

虽然我们经常把创新与艺术家、音乐家、作家和其他创造性的职业相关联，但是我们需要开始挑战这种思维方式，意识到所有的人在某种程度上都有创新能力。如果我们感到不自然，就从自己和周围人开始发展一种更有创造性思维方式。每当我们遇到困难或陷入困境，都需要创造性思维。是创造力让创新具有创新性，它是一种新的思维方式，或是把各种要素组合形成全新事物。我喜欢把创新看作是一种实践、一个过程或一个事件。如果我们认为创新是一种实践，然后我们需要开始尝试新的思维方式——不仅是在工作中的创新活动或项目中，而且是在我们日常生活中的每一天里。

有利因素如思想开放、全力以赴、创造力与纪律结合以及对普通事物的观察与想象，都是产生创新想法的小妙招。一些意料之外的事情开始发生。想法从"虚空"中产生，或者突然间你有了解决问题的灵感。这就好像在这种类型的实践中，某种东西打开了大脑的锁。所以，发展这种方向，即把创造力作为一种实践性的思维方式，是我们需要开始的地方。

下面列出的这些活动将会激发你的创造性思维，并向你展示一个全新的生活视角。这些活动不一定很困难或者需要很大花销，重要的是要给自己留出空间来支持这种思维、方向和思维方式的发展，这不仅要在工作中实现，也在生活中实现。这将帮助你培养一种创造性的思维方式，并允许你发挥自己潜意识的力量，帮助你改善创造方式，然后进行创新。

这就把我们带到了创新六个 "I" ® 模型中的第三个 "I"，即我们将在本书下一章探讨的话题 "调查"（Investigate）。好奇心和创造性的思维模式因其博大、开放的思想方法和启发造就新思路的能力而成为创新的基础，但它的作用并不仅限于此。

> **想要培养创新思维吗？**
>
> 　一种有意识地允许大脑漫游、寻找和想象新的联系或可能性的倾向和态度。

 尝试

1. 灵感来自艺术家茱莉娅·卡梅隆（Julia Cameron）的晨报——手写三页稿子。是的，每天早上都用笔写。让你的思想漫游，看看你的想象力带你去哪里？三页太长？试着从写一页开始。

2. 每个月和艺术家 "约会" 一次——做一些你认为可能有助于激发创造力的事情。例如，我参观不同的画展，加入讲故事俱乐部，擦掉旧吉他上的尘土，弹几首旧曲子，漫无目的地在沙滩上、森林里和公园里散步。允许你自己做白日梦。

以下是其他一些有助于培养创造性思维的活动：

- 舞动起来，但不要挪移双脚；
- 让孩子教你一些东西；
- 练习创意可视化；
- 做 15 分钟的白日梦；
- 跑步，单纯享受跑步的快乐而非为了锻炼；
- 创造个人标识；

- 进入梦一般的状态；

- 想象一下你 5 年后的生活，把想象拼接起来；

- 放风筝；

- 玩粘土模型。

让这些创新性思维活动成为你生活的一部分。

准备好进入下一章的调查阶段了吗？使用这个清单来确保你已经理解了激发阶段的核心重点。

活动	完成
我根据人们的真实需求，提出了一些见解并进行了测试	
我使用横向思维和头脑风暴产生了新想法	
我拓宽人际网络，发展了一种新的信任关系来帮助我创新	
我完成了一些右脑活动来拓展想像力和创造性思维	

为了更深入地挖掘这方面的技能，你可以参考本章的资源指南。不过，我们首先来结识马克·布拉贝克（Marco Brabec），他在创新六个"I"中得分最高项是激发。

走近马克·布拉贝克

激发者个人资料

姓名：　　　　　　　马克·布拉贝克

工作：　　　　　　　思科系统公司供应服务营销总
　　　　　　　　　　监，领导瑞士合作伙伴项目团队

公司：　　　　　　　思科系统公司

六个"I"®模型中的最强项：激发者

你现在希望通过创新来解决什么挑战？

我认为我们最大的挑战是企业的创新意愿。尤其是当一切发展良好的时候，我们为什么要改变？我们确实做了大量的改变，但通常都是些围绕经营的改变，而非创新驱动的改变。如果我们不创造新的做事方式，即使生意很好，我们也会因自满而被对手超越。我们的战略很大一部分是服务转型领域的商业模式创新。我们传统上是一个以产品和销售为导向的企业，网络提供和通信基础设施是我们的核心业务，其中很多都是非经常性业务。我们的目标是在未来三年内，在服务和软件等经常性业务领域将销售收入翻一番。这需要有一些新想法和决心才能有所作为。

你是激发者，请查看创新六个"I"®模型评估结果。这种评估结果如何影响或改变你的工作方式？

作为激发者，我喜欢并能看到产生新想法之间的相关性。我也看到了自己在为其他人创造团队环境方面所扮演的角色，处理好今天与明天交付业务之间的紧张关系。我愿意从事这样的工作，认可其中的重要性。其他人可能不愿意，或许担心会分散他们的精力而无法专注眼前的业务。我现在更能意识到这两者之间尽管难以平衡但总还是可以相互兼顾。

你如何发挥自身优势？对那些想要在激发阶段做得更好的人，你有什么建议？

如果我没能发挥出自己的长处，我会感到沮丧，因此就会想办法发挥长处，比如加入到我自己核心工作之外的任务小组中。我读了很多书，向有创新精神的人士求教。我给别人的建议也同样：拓展你的视野，把眼光从当下要紧的事扩展到更大的领域。与你企业内部和外部更多的人士进行交谈，你会逐渐找到不相关想法之间的联系，这有助于碰撞出创新的火花。

你会采取什么措施改进你不足的领域或拓展对你重要的领域？又会如何落实？

我认为一个人不可能擅长所有的事情。我管理着一个全球团队，成员来自亚洲、欧洲、澳大利亚和美国。我决定招聘有多样化技能和经验的员工，组建一个多样化的团队，成员之间可以互相学习。我从那些善于做调查研究的人士那里受益颇多，比如他们如何处理问题，他们与我的处事方式有什么不同。这有助于提高我的意识和技能，帮助我看清自己的盲点。

创新六个"I"® 模型对你和你的团队/业务有什么帮助？如果有

帮助,你能分享经验吗?

我们研究创新六个 "I"® 模型已经有些年头了,并且已经用来解决各种业务挑战,比如通过改善与信息技术中心部门同事之间的关系来增加我们的利润、分配项目角色和职责,比如通过季度业务回顾和其他实践来创造新方式吸引客户向关键项目投资。创新六个 "I"® 模型提供了一个结构化的思路。很多人认为创新就是突然间萌发的一个新想法,事实上很难做到这一点。创新六个 "I"® 模型扩展了这一概念,帮助我的团队认识到他们都可以为机构创造价值,做出贡献。

你有没有做出一些自认为有创新性的成果?

目前,我们正努力推出服务交付方面的新型商业模式创新,我们认识到我们缺乏通过渠道商合作框架共同拓展开发和提供服务的能力。这是一个令人兴奋的领域,值得我们去探索。应用创新六个 "I"® 模型帮助我们认识到自身的局限性,为挖掘新增长来源和激发新方案找到了外部机遇。"I"® 模型提供了一种循序渐进的思考、行事的方式,让我们更清晰、更彻底地探究自己的大脑,在投入更多时间和资源之前充分了解想法的有效性。

激发资源指南

本章列出一些学习资源，有助于我们进一步探索、激发新想法和培养创新性思维方式。

资源指南

不管你是否天生就有创造力，通过练习来开阔思维、善于接受，将会提高横向思维能力。这将帮助你发散思维，发现不同想法之间的联系。以下是我发现的一些有用的附加资源和实践方法。

● 全新的思想。丹尼尔·平克的《全新的思维》（*A Whole New Mind*）给喜欢动手动脑、讨论辩论的读者很多非常棒的窍门与建议。他指出我们需要在六类领域中培养兴趣：设计、故事、交响乐、同情心、戏剧和价值，并且详细列出如何把这几个六类"组合"起来。大家可以加入订阅：www.danpink.com

● 写日记。当我还是个小孩子的时候，我就开始写日记反思自己和生活。那时我就发现写日记很实用，当手在本子上写的时候，大量的新想法会随之涌现。它也有助于停下来看看正在发生的事情，建立对自我、他人和我们周围世界的认识。我鼓励正在跟着我学习的人每天写日记。这里有一个很棒的网站，它会告诉你开始写日记时你需要知道的一切：www.journalingsaves.com/welcome/

●创意工坊。随着在线培训课程的普及，学习任何可能感兴趣的课程都变得简单而划算。我特别喜欢的一个关于创造力的课程是伊丽莎白·基尔伯在 Udemy 在线教育网站上的创意工坊（Creative Workshop）：www.udemy.com/elizabeth-gilberts-creativity-workshop/

●创造力测试。想知道你多有创造力吗？完成托兰斯创造性思维测试（TTCT）：www.ststesting.com/ngifted.html

●左右脑评估。虽然有很多判断你主要是用左脑思考还是用右脑思考的免费测试，但如果你想要一个全面有效的评估，可以浏览这家公司的网站：www.herrmannsolutions.com

●50个创意网站。这里有 50 个极好的网站可以帮你激发创造力：www.creativeboom.com/resources/50-of-the-best-websites-for-daily-inspiration/

●思想工具。这个网站是各种思考工具的重要资源。他们还有一个资源指南，专门针对提高自我和团队创造力：www.mindtools.com/pages/main/newMN_CT.htm

●学画画。从没想过你会画画？贝蒂·爱德华兹（Betty Edwards）可以教你：http://drawright.com

●社交理论。有关卡伦·斯蒂芬森（Karen Stephenson）博士工作的更多信息，请访问 www.drkaren.us

拓展阅读

关于创造力的书有很多，以下是我喜欢的一些书目：

Buzan, T. (2003) *Head First*: 10 *Ways to Tap into Your Natural*

Genius. Thorsons.

Catmul, E. (2014) *Creativity, Inc. : Overcoming the Unseen Forces That Stand in the Way of True Inspiration.* Random House.

Csikszentmihalyi ; , M. (2013) *Creativity : Flow and the Psychology of Discovery and Invention.* Harper Perennial.

Jarvis , J. (2011) *What Would Google Do? Reverse Engineering—the Fastest Growing Company in the History of the World.* Haper Business.

Kahneman , D. (2013) *Thinking , Fast and Slow.* Farrar , Straus and Giroux.

Michalko, M. (2006) *Thinkertoys : A Handbook of Creative-Thinking Techniques.* Ten Speed Press.

Pink , D. (2008) *A Whole New Mind ; Why Right Brainers Will Rule the Future.* Marshall Cavendish.

Singh , K. *Thinking Hats and Colored Turbans.* Pearson.

5

调查:
创建原型,测试想法,调研成效

INVESTIGATE

PROTOTYPE,
TEST AND
RESEARCH
IDEAS

"太好了，娜塔利！"客户一边关掉笔记本电脑一边对我说，"我想出办法之后就跟你联系。这就是我们现在需要的，我得想想如何才能实现。"我面带笑容地走出房间。哇，多好的交流啊！我们共同探讨了一些问题，决定继续推进提案。

不知何故，因为我曾经识别出必须通过培养能力、发展技能、构建结构以帮助企业进行创新，所以我以为应该有一个与之相关的特定市场供人们来购买这项服务。在 2006 年的时候，我却并没有这么想。我还未真正调查过这个想法。虽然我已经识别出需求并激发了一些想法，但还没弄明白该如何实现。企业内部人员也许也认识到了这种需要并且设法找到赞助，但即使他们想要创新，大多数组织的安排和计划都不会允许他们采取行动。

事实上，2006 年，我还未重视创新学科在组织生活中的专业地位，那时它在这一领域还是相对新兴的专业。创新与营销、财务、运营或销售部门这些常见的业务功能不同。创新不仅仅是研发部门和服务开发部门的组成部分，更应是每个人日常生活的组成部分。当你想谈论创新时，你能打电话给谁？谁又拥有创新能力呢？这个问题很难回答。然而，只要拿起任何商业杂志，你就会发现多篇有关创新对公司成长的战略重要性的文章。普华永道（PricewaterhouseCoopers）的一份报告指出，72% 的首席执行官将创新列为他们的三大首要任务之一。的确，创新具有必要性，但它确实需要更多的调查来探索这些想法该如何运作。

谢天谢地，随着越来越多的机构负责人认识到有必要快速部署创新产品、服务和商业模式，要培养执行这一任务的技能和内部能力就容易多了。新加坡航空公司（Singapore Airlines）是我们的一个客户。不得不说，这是我见过的为数不多的公司，公司的不同部门主管会聚在一起系统地思考他们如何创新，这其中包括人力资源主管、新产品开发主管和研究主管以及其他部门主管。这很少见。

这个事例揭示了几个要点：即使好的创新想法确实有效针对现实需求，它也必须在具备市场且顾客有购买意愿的条件下才能运作。我们需要后退一步来看一个想法以何种方式进入市场的大背景并对其进行彻底测试。这意味着考虑问题要彻底、仔细并且系统，而不是不加思索就立马实施。本章的主题是批判性思维，具有批判性思维，我们才能够调查新想法，提升成功概率。

在整个调查过程中，我将提供案例、故事、活动和工具以帮助你提高自身能力和信心去调查新想法。

调查阶段是创新的核心，避免仓促地将想法付诸实践可以节省时间、资源和金钱。调查包括对想法进行系统研究、分析和评估并确保其不仅新奇而且有用。这也包含了设计思维或以客户为中心的方法以创造全新的解决方案。调查非常重要，因为开放式创新，即结合内外意见和进入市场的途径，将有助于确保所提供的服务、产品和流程能为客户创造价值。

发展一种鼓励探索和质疑的文化以及让他人仔细且系统地思考问题是重要的领导和文化建设能力，因为这些能力有助于营造一种环境，在这种环境中人们可以尽情探索、测试和创建原型——用来测试想法或流程的样本、模型或新发布产品。这还有助于鼓励人们在进一步投入之前研究这些想法是否可行。

这一阶段的创新需要一种批判性思维，它能帮助你突破自身思维局限，透彻考虑问题。

调查者概述

创新作用：提供分析思维，保持客观。

思维方式：批判。

调查者的优势：

1. 系统地研究、分析和评估想法；

2. 确保想法不仅新奇，而且有用；

3. 在实施之前，要理解测试和确认想法有效的重要性；

4. 愿意与客户及利益相关者一起测试其想法；

5. 创造一种鼓励探索和质疑的文化；

6. 鼓励他人仔细且系统地思考问题。

此图像显示了调查、批判性思维。虽然方向仍需探索，但起点必须一致且必须对其路径多加分析。

调查者的挑战：

分析型思维是调查者的优势之一，但有时优势也会变成劣势。

- 在下定决心之前，他们可能会不断寻找证据来确认想法有效性。这可能挫伤创新积极性。

- 他们会过分沉迷于细节而失去全局观，忘了创新的初衷和目的。

- 他们往往对感觉不可行的想法不屑一顾，未经尝试和测验就仓促定论。

研究人员需要确保在其研究、测试和分析中，秉持创新想法的初衷进行试验，从而提升想法成功的可能性。否则，就会丧失使想法独一无二、具备创新力的新颖感。

如何与调查者沟通

根据调查者的六个"I"融合的概述，以下列出如何与调查者有效沟通的行为准则。

要	不要
谈论细节，了解彻底	随意或缺乏严谨性和逻辑性
鼓励他们与客户或那些将参与改进想法的人一起测试其想法	未调查清楚你的想法是否迎合了客户或市场需求就马上付诸实践
系统地表达你的想法，并且欢迎批判	仅仅因为是你产生的想法就对其过度坚持；应该愿意让步，欢迎审查；应该认为其批判性思维有帮助
为他们深入研究和探索想法提供空间	给他们太多想法而不给他们时间去探索

调查技能

虽然许多技能可以帮助我们调查想法，但我们将重点关注对创新的这一阶段至关重要的六个核心要素：

1. 善于分析且结构清晰；

2. 仔细、系统地完成工作；

3. 让客户和那些能从想法中受益的人参与进来；

4. 确保想法具有满足实际需要的可能性；

5. 帮助他人更有条理、有组织性地思考；

6. 营造一个鼓励人们去探索和质疑的环境。

下面我们逐个来讲解。

以下是关于调查领域的技能、工具和活动项目列表。

技能	工具	活动
善于分析且结构清晰	制定选择标准	插入暂停键
仔细、系统地完成工作	命题拓展：三层面论	研究问题
让客户和那些能从创意中受益的人参与进来	设计思维	
确保想法具有满足实际需要的可能性	构建原型	研究方法
帮助别人更有条理、更有组织性地思考	六顶思考帽（Six Thinking Hats ®）	
营造一个鼓励人们去探索和质疑的环境		提出有价值的问题

技能一——善于分析且结构清晰

"调查"是我最薄弱的能力之一。尽管我有一定的研究背景以及很强的分析能力，然而我的核心强项却是"识别"和"激发"。我喜欢探索机遇和产生想法。速度至关重要。我没有耐心，只想快速行动。就像耐克的广告语，"想做就做"。虽然这在某些方面值得称赞，但就客观性或保留后退可能性以及检验想法是否真的很好而言则有所欠缺。我的朋友兼同事、临床心理学家莉莉安·英（Lillian Ing）一直在用六个"I"® 模型与我们合作。她通过重塑我对创新调查阶段的想法，帮我转变了思维方式。她说到的一个概念让我至今难忘，那就是"插入暂停键"。停下来，深呼吸，看看你在做什么，你能做得更好吗？这个想法能帮你达到目的吗？我现在正学着去热爱调查阶段，并在兴致高昂和意兴阑珊之间保持微妙平衡。

当用六个"I"® 模型分析工具衡量自我技能时，可以不断重新进行评估并追踪其变化。在过去的几年里，我已经重新做了几次评估，我的分数有所提高，因为我有意识地培养了自己的调查技能。

有些想法与大众的观点相左，并不是好想法。我们必须愿意保持冷静，尤其是对我们自己的想法，我们要能够退一步并对它们进行分析和评估，如果有必要就将它们搁置，等待时机再改进它们或弃之不用。

活动

插入暂停键

定义：行动上或言语上的暂时停顿。

同义词：停止，中断，检查，平静，暂缓，休息时间，空隙，间隙，插曲。

1. 打印或写下暂停的定义，将其放在经常看到的地方。

2. 暂停。

3. 重复。

 工具

制定选择准则

1. 想想你评估自己想法的标准，尤其是当你有很多想法，但又不确定哪些最有价值的时候。评估要素如下：

领域	描述
新颖性	此创意在多大程度上是别致或奇特的？
相关性	它有助于实现你的目的吗？
潜在的投资回报	它有潜力超过成本价值吗？
易于实施	其实施在时间、资源和人力有多难？
吸引力	这是客户真正想要并愿意花钱购买和使用的东西吗？
可扩展性	它易于复制或规模化吗？可持续吗？

2. 通过选择标准对你的想法进行排名，并进行分析和评估。注意不要舍弃那些新颖的想法而仅选择那些易于实施的想法。如

果这么做，你就会失去想法的创新性。调查能让想法实现的方式。

 工具

三层面论

巴哈尔，科利和怀特（Baghal, Coley and White）所著的《增长炼金术》（*The Alchemy of Growth*）一书中介绍了"三层面论"，这是一种思考你的想法潜在影响力的有效方法。它还有助于为一系列创新构建框架：从对工作方式做渐进式的微小变化，到更激进的创新，即改变或创造新市场和行业的创新。

第一层面——此层面代表"一切如常"。随着变化出现，旧事物慢慢开始与大环境脱节并不再与目的相符。这是渐进式创新或更微小变化产生的开始。

第二层面——在此层面中，新机遇开始以不同方式出现。这往往是创新的最难领域之一，因为它需要在关注当下需求的同时放眼未来。

第三层面——这是根本性创新发生的层面。这是一种全新的行为方法，完全打破现状，为变革创造新机遇。

1. 着眼于你的想法。

2. 它们是属于哪种创新层面？

3. 如果将未来的增长机会最大化时，那么什么将影响你目前的运作方式？你的想法将根据其所属层面而采取不同类型的管理方式。

想法	第一层面	第二层面	第三层面	影响

技能二——仔细、系统地完成工作

创新是一个反复的过程。我的意思是，你将会时而前进时而后退，特别是围绕前三个"I"阶段，即识别、激发和调查。在此过程中你要找出什么是机遇，什么是你当前尝试解决的问题所需的最佳解决方案。由于这一过程具有不可预测性，你需要建立一种思考问题的系统方法。如果我们想要将想法付诸实践，它们必须基于真知灼见且十分稳健，而不是那些无法推进或使用的随性好点子。这意味着你要清楚如何清晰表达你的想法，它要解决的问题以及其运作方式的组成要素。在商界中经常使用的一个术语是"价值主张设计"。那么，什么是主张？

"主张"就是一种基于往来对象需求以发现并交流想法的意愿。它描述了一个想法的核心、好处以及为什么人们应该购买或使用你所提出的解决方案。

用三个词来概括主张就是相关性、独特性和价值。你需要仔细考虑并不断精炼你的价值主张，直到易于理解和沟通为止。

调研：

1. 你的竞争对手（他们提供了什么类似的产品？）

2. 你的市场（对你提供的产品市场认可度如何？）

3. 你的潜在客户或用户（是否满足他们的需求？）

活动

调研问题

系统地考虑调研想法的最佳方案。

你需要与谁对话？

- 你需要在哪里找到更多的信息？
- 哪些专家可以帮助你加速学习？
- 你的竞争对手在提供什么产品？

 工具

主张拓展

选择一个你打算培养的较强洞察力，选出可满足你当下需求的想法。

试着写下你自己的主张，以下表为指导。

因素	描述
洞察力	客户/市场的需求是什么？
好处	提供的终极好处是什么？ 用一句话来描述
小标题	列出你所提供产品的具体说明。为谁提供的产品？为何要提供这一产品？
三个重点	列出主要的好处或者特征
加入一个可视元素	展示图片并补充你的主要信息

技能三——让客户和那些能从想法中受益的人参与进来

加州设计公司 IEDO 在商界普及的"设计思维"（design thinking）一词，被越来越多的机构用来做创新新方案的措施和办法。它是一个以人为中心、原型驱动的创新流程，可以应用于产品、服务、流程和商业模型设计等不同领域。设计思维所体现的是综合同理心、创造力和理性以满足客户需求的能力。如果我们想更有效地进行创新，那么同理心是我们需要培养的一项非常重要的技能。同理心是与他人共情而非仅从自己角度考虑，是与人建立联系并从他们的角度去看世界。我们可以通过观察和采访他人来达到这一目的。研究那些需要我们创新的人，提出解决方案，构建解决方案的原型或设计表现形式并与使用它们的目标客户进行测试。这就要求我们走出会议室，走出公司，去观察、理解和吸引那些我们想要为其提供新解决方案的人。这将有助于确保所创造的东西具有价值。

 工具

设计思维

将设计思维法运用于你的创新挑战之中 。

1. 观察和采访潜在的客户（识别）；

2. 形成见解（识别）；

3. 想出新的解决方案（激发）；

4. 建立你的想法和解决方案的原型或表现形式，并与使用它们的人一起测试（调查）、迭代和改进。

设计思维、构建同理心以及观察他人都是非常值得研究的主题，在这些领域有很多专家，关于这些主题也有很多综合性书籍。在工作中进行创新时，要记住的重要事情是思考如何应用这些方法来创建丰富而令人信服的解决方案，这些解决方案将为你的客户带来价值并帮助你实现目标。

你知道吗？

爱彼迎（Airbnb）是一个让房主能与旅客共享房间的在线公司。该公司在其创始人的阁楼中起步，提供房屋租住和早餐。但其收入在 2009 年下降到每周 200 美元，处于破产边缘。三个创始人和他们的第一位投资者决定进行头脑风暴来找出问题所在。他们发现其中一个原因是网站上缺乏高质量的图片。于是他们收拾行装，租借相机，四处参观，并用精美的高分辨率图像替换了劣质图像。这使他们一周之内的收入翻了一番。

随着他们思想方法的转变，他们意识到要走出去，与客户见面并提出灵活、实用的解决方案。爱彼迎进而将一种设计思维方法引入公司文化中。爱彼迎的员工在加入后的第一周或第二周旅行。他们通过感同身受了解客户的难处并将经验记录下来与其他员工分享。公司要求新员工在进入公司的第一天提出新功能，并鼓励每位员工提出创新想法。

来源：Pankaj—https：//inkoniq.com/blog/how-design-thinking-transforming-the-world-and-lives-of-millions/

这个故事向我们揭示了创新问题解决方式与最终受益客户沟通交流相结合的重要性。你需要与客户或潜在客户见面，因为仅仅想出一个好想法是不够的。有时，解决方案不必具有世界性的突破，它们可以是影响深远的小想法，例如爱彼迎网站提高图片

质量这种改进。

技能四——确保想法具有满足实际需要的可能性

记住在本书开头部分关于"想法"的定义。"想法"是在脑海中产生的想法、建议或行动方案。"想法"不等同于"创新"。让一个想法在被认为有创新性之前还有很多事要做，记住这一点非常重要。如果我们有了想法，跳过激发阶段直接实施就会错过求证想法是否有用而不只是新颖的重要阶段。这就是为何在这一阶段发展价值主张、罗列出你想要推动的事物及它们有用的理由是十分必要的原因。回顾技能二，找出方法。一旦你有了新想法，就会受到一种不经目标客户审阅就想把自己想法付诸行动的诱惑。

 活动

研究方法

看看你写的主张。测试和研究它的最好方法是什么？根据你写的内容，有很多方法可以研究和测试你的想法，它们可能包含：

- 焦点小组；
- 深度访谈；
- 原位测试；
- 实地调查。

工具

构建原型

构建一个原型。测试模型有许多方法：

- 产品模型（样品）。

- 故事板。

- 说明书。

- 网络应用程序或测试网站。

- 服务产品模型（服务产品的样品）。

- 客户体验设计。

- 广告。

针对你的解决方案，做一个测试看看它如何产生效果，人们有什么评价。这是测试服务的一个极好办法。比如考虑为一小群潜在客户提供特殊折扣以换取反馈意见。

技能五——帮助他人更有条理、有组织性地思考

对于我们来说，能够反思并仔细思考想法是进步的开始，然而你能鼓励他人也这么做吗？这关乎更好地领导他人及与其合作，这会对你所处环境与机构文化产生影响。如果你以小组或团队合作的形式进行创新，每人经常都会从不同的角度考虑不同的问题，经常彼此误解并且总是无法真正考虑创新问题。埃德瓦尔·德·博诺（Edwar de Bono）在他的著作《六顶思考帽子》中谈到如何将思维分为六个清晰的功能或角色，以便你可以从不同

的角度来了解问题的复杂性。每顶帽子都有对应颜色及功能：白色（讨论事实）、红色（讨论感觉）、绿色（启发创造力）、黄色（设计好处）、黑色（调查注意事项）和蓝色（遵循过程）。这将让小组能够以系统的方式来定位思维并可更有效地进行共同思考，从而产生更好的结果。横向思维或平行思维可以帮助拓展想法以寻求集中、系统和协调的方法。

 工具

六顶思考帽（Six Thinking Hats ®）

1. 你天生就比别人多戴一顶帽子吗？

- 你如何将这种思维方式应用到你的创新挑战中？

2. 如果你是一个领导或团队经理，练习戴蓝帽子（流程）。

- 帮助他人从不同颜色帽子的角度来思考事情。

3. 如果你认为自己不能系统地思考，那就找一个能系统思考的人。

- 鼓励他们向你提问以促使你从不同的角度思考问题。

技能六——营造鼓励人们探索和质疑的环境

当我们还是小孩的时候，提问似乎是我们的本能。据估计，三岁以下的孩子每天会问 300 个问题，这无疑会激怒他们的父母。毫无疑问，当我们提问的能力下降时，创新能力也会随之下降。不耐烦的父母可能会说："别问了。"经理可能会说："事情本该如此。"随着年龄增长我们越来越忙，也就越来越没时间反思我们到底在做什么，更别说向自己或他人提问。

这里有四个技巧可以帮助营造探究氛围。

1. 鼓励领导者和管理者问："如果这么做会怎么样？"

2. 在会议中，将"我们需要问自己的问题"列入议程表并创造反思空间。

3. 鼓励和奖励实验，将其作为一种工作方式列入"调查"阶段。

4. 教人们如何提问并为他们配备工具、提供知识以及留出时间练习和学习。

 活动

问有意义的问题

关于如何更好提出问题的书籍和方法很多，其中一些已列在本章末尾的资源指南中。

1. 本周把你想对他人说的话转换成一个问题，至少每天一次。

禁止说"你尝试过这个吗？"这样的话，这不是一个用来询问的问题。

2. 使用开放式问题，让对方敞开心扉，告诉你他们的情况和想法。

3. 设立一项基金，以便自己（或他人）同客户测试潜在解决方案或进行实验。

4. 每月为自己和他人留出一些时间来突破自我局限，脱离日常工作行程，走出办公室与客户交谈并倾听他们的意见。

错过调查阶段的危险

- 你（或你的团队）也许有想法却缺乏明确的价值主张。（你的想法对某些客户有何好处，他们为何会购买或使用你的产品？）
- 想法可能没用或不可行。
- 想法可能单薄且不严谨。
- 想法可能并不基于真实客户或对市场的洞察力。

调查的思维模式：
特别注意当前研究的事物

批判

当我向一群专业服务机构的商业主管展示其团队基于六个"I"® 模型的创新分析结果时，我问他们："当你看这组数据时，有何发现？"

一名团队成员回答说："看起来我们都没有进行调查阶段就直接将想法付诸实践了。"

我说："是的，你们为什么会这样？"一位负责人说："因为来自结果的压力。"另一个人说："只有切实行动才能带来回报。"第三位说："没有时间停下来思考。"

他们盯着团队结果的图表。我问道："团队中分数最低的属性是哪个？"

"确保想法有用，而不仅仅新颖。"一位女士答道，其他人也点头附和。

"这对你们的产品质量、服务和销售有何影响？"我问道。之后是短暂的沉默。他们可能在看到数据后产生了新的见解，意识到自己没有花足够的时间与客户打交道；他们不仅要把产品卖给顾客，还应探索新需求出现在哪里以及他们提供的解决方案是否能满足客户的真正需求。之前他们没有跳出自己的思维定势，也没有进行探索或测试。是的，他们是有想法，但价值主张并非基于真正的客户或对市场的洞察力。

这在组织生活中是非常普遍的模式。幸运的是，在这个案例中，交流激发了对如何让客户成为创新过程核心参与者的新讨论和想法，有助于团队创建直接满足客户需求的新解决方案。

"批判"通常被认为是负面行为，与挑剔和指责同义。实际上，"批判"一词来自批评，其含义是对想法或某物的质量（而非事物本身）进行合理、清晰和深入的检查。其本质或思维方式是保持客观，让我们能跳出自己的思维局限，通过显微镜或放大镜彻底审视我们所创造的东西并了解其运作方式。这需要具备研究者的思维模式。创新在这一阶段需要了解情况，从不同角度深入分析和评估你要创建的内容并愿意对假设进行测试。你想成为一个能提供理性判断的批评家。批判性思维是一种分析能力，需要人们深思、提问，看问题不停留在事物表面并能随着新信息或新见解的出现而改变观点。

尽管有时有必要将这部分任务外包给研究伙伴，但并不是这样就能解决问题，关键还是取决于你想要创造什么。这与你或你的团队有关，你们需要花时间思考你的想法以便将它们发展为可以创造价值并产生影响的主张。不要外包你的洞察力，你要出去与客户见面、谈话。你需要站在他们的立场，从他们的角度看待生活。了解他们及其需求。想一想你可以提供给他们的好处，以及如何实现这些好处。与一小群人构建原型、做测试并进行小范围试验或研究以查看效果、获得反馈并在此基础上改进产品。如果你使用的是在线技术，你就能方便地跟踪人们与你的服务的互动过程并收集即时反馈。

考虑与你所面临的创新挑战和所处文化背景相符的探索和研究方式。许多人说他们因害怕失败而对创新望而却步。如果你在调查阶段了解失败的可能性，人们就会知道进行实验、提出问题、探索和挑战的可行性。预先排除那些会失败的想法会节省很多时间、金钱和资源，因为在测试期间失败比在全面实施之后失败要划算得多。

问自己一个有用的问题："这个想法需要什么？"这个问题与你无关，与想法的成功有关。创新者的角色是找出想法需要什么以推动想法发展，想法是否需要更新颖？如果是的话，请回到激发阶段。需要更多测试吗？需要就回到调查阶段。需要资源就回到投资阶段。当你用六个 "I" ® 模型一步步进行创新时，需要掌握的技巧是注意何时需要跳转你或你团队的思维，尤其在前三个 "I" 阶段，你的思维会来回在识别、激发和调查这几个阶段之间跳转。但是，在某些时候，你必须做出决定且这需要勇气。我们将进入创新的六个 "I" ® 模型中的第四个 "I" 阶段，即我们要在下一章中探讨的投资阶段。

> **想培养一种批判性思维吗？**
>
> 一种愿意去质疑、测试、假设和验证想法以解决大大小小问题的方向和思维模式。

 尝试

1. 培养你的同理心。医学研究员特蕾莎·怀斯曼（Theresa Wiseman）认为，善于移情的人通常有以下四种技能：

- 透视——从他人角度看问题的能力。

- 避免主观臆断——这并不容易做到，因为我们的头脑经常充满了判断和分析。

- 识别他人情绪——能够注意到人们感受的细微变化。

- 与他人交流感受——让别人感受到你能够理解他人的能力，不必为他们为何有这样的情绪提供解决方案。

2. 那么，你该怎么做？

- 当你下次和别人谈话时，做一个倾听者，而不是一个空谈者。如你要说话，就提出问题，而不是给出意见。避免讲述自身故事或举例，重点放在倾听他人讲话上。

- 当你在倾听时，看看你是否能控制住自己，不让自己在心里对所听到的事情下结论。保持开放性的思想，他们用的是哪种言辞？对他们来说什么是重要的？他们的价值观是什么？

- 听某人讲话时，要倾听其中的潜在情绪。是兴奋、无聊、沮丧、悲伤、喜悦、绝望还是恐惧？学会像在听事实或概念一样倾听情感内容。

3. 使用诸如"嗯……我明白……""听起来你好像……"之

类的短语，保持温柔的眼神交流，在倾听时保持专注，不要走神。

4. 为了更加系统化，请尝试以下方法：

- 根据今天发生的事情预测明天会发生什么；
- 找出一个之前做的冲动决定并理性地看待它；
- 按照说明组装模型，或从宜家购买家具并研究如何组装；
- 制定个人预算并坚持下去；
- 列出每日清单并在完成事项上打钩；
- 把工具、餐具和橱柜里的东西整齐地摆放好；
- 提前 10 分钟赴约；
- 将你的家庭或度假照片整理成主题相册；
- 按照食谱做一顿饭，不要做任何改变。

如果你把这些批判性思维活动作为生活的一部分，你就能培养透彻思考问题的能力并发展出一种更有同理心的沟通方式。

准备好进入下一章的投资阶段了吗？重新审视在本书开头阶段你的目的，使用这个简单的清单来确保你已经认识了一些调查阶段的重点。你的想法是如何改变的？

活动	完成
我制定了选择标准并且评估了我的想法对创新的影响	
我创建了一个清晰的价值主张并与潜在客户进行了沟通，他们也看到了其与自身需求的相关性	
我用与潜在客户感同身受的方法来调查我的想法	

续表

活动	完成
我还练习了一些左脑活动来发展更系统的方法	

进一步培养技能和思维模式，请参阅本章末尾的资源指南。首先让我们认识一下杰奎·福特（Jacquie Ford），他在六个"I"® 模型中得分最高项是"调查"。

走近杰奎·福特

调查者个人资料

名字：	杰奎·福特
工作：	全球活动计划的商业营销
公司：	脸书，硅谷，美国
六个"I"® 模型中的最强项：	调查者

你现在想通过创新解决什么挑战？

我致力于实施全球营销项目，这对于大型公司而言并不陌生，但对脸书而言却是新事物。这个角色很复杂，因为它涉及与世界各地形形色色的利益相关者进行合作，他们需求各异。尽管我们最初的的活动想法具有创新性，但其执行涉及多方面内容并且需要良好的调查和实施技巧以实现创新。

根据你的六个"I"® 模型测评结果，你是一名调查者。这种评估结果如何影响或改变了你的工作方式？

在脸书，发挥调查者的优势并不新鲜。我对六个"I"® 模型的满意之处在于该模型针对各种创新优势设计并且我可以知道自己在创新中起了什么作用。它让我知道了我的核心技能是将想法付诸实践的基础，这让我信心倍增。如果没有良好的调查，我们可能会浪费时间或根本无法真正理解我们要解决的问题或客户需求。时间有限，我需要专注于我的优势项而不是试图样样精通，这有助于让我更有影响力。

你如何发挥自身优势？对于那些想要在调查阶段做得更好的人，你有什么建议？

这需要建立关系网，倾听并花时间听取不同人的需求。你越这样做，就越能学会把自己的假设放在一边从而明白某个想法是否可行。这样就能获得更多、更好的信息让你做出更高质量的决定。我与许多项目经理一起工作，有时他们不经调查就想马上实施想法。但我鼓励他们听取他人意见并且看看这些人解决问题的方式，同时鼓励他们头脑要更灵活并为测试和实验创造空间。

你会采取什么措施改进你不足的领域或拓展对你重要的领域？又会如何落实？

我认为有三大措施。首先，了解自身长处和最擅长的领域并围绕这些长处来建立角色很重要，这可以建立自信并让你具有影响力；其次，知道自己在哪些方面不自信是一件好事，这样你就可以和那些与你互补的人一起工作；第三，这可以让你深入了解在哪些方面你可以培养自己的新技能。例如，我的投资能力较低并且希望在投资方面更具企业家精神。

创新六个"I"® 模型对你和你的团队/业务有什么帮助？如果有帮助，你能分享一些案例吗？

值得庆幸的是，脸书拥有一种创业文化。但是，尽管它鼓励我们以不同的方式思考并与创新技术合作，我们仍然必须培养利用并管理自身多样性的技能。在开展全球活动时，我们用大规模实施流程来管理四个地区的利益相关者。这在很大程度上具有可操作性并且需要优秀团队合作来解决复杂问题。我能够有意识地思考如何将具有不同优势的人们团结在一起。创新六个 "I" ® 模型是建立项目团队的绝佳典范。

你有没有做出一些自认为有创新性的成果？

我们识别了一个新的机遇，我们将其称为样本娱乐——在脸书业务中积极展示、使用我们的产品来做业务推广。通过横向思维，我们激发的想法是以我们的客户所希望的方式来展示广告平台及产品优势。由于使用了线上技术，我们可以实时追踪想法是否可行，但这么做还远远不够。我们必须挑战传统的广告模式，为客户在创新产品服务宣传方面提供更多机会。

调查资源指南

本章列出一些学习资源，便于读者进一步探索并更好地调查想法和培养批判性思维方式。

资源指南

● 想了解更多关于设计思维的知识吗？更多信息请参阅福布斯网站上的这篇文章：www. forbes. com/sites/reuvencohen/2014/03/31/design-thinking-a-unified-framework-for-innovation

● 在这90分钟的设计思维速成课程中，你将与来自斯坦福大学的专家们一起学习。听课网址：https：// dschool. stanford. edu/dgift/

● 对于"三层面论"想了解更多吗？探索保罗·霍布克拉夫特（Paul Hobcraft）的网站，它有很多优质的知识与资源：www. agilityinnovation. com/index. php/unique-value-propositions/three-horizon-methodology

● Strategyzer（策略管理和创新顾问公司）的网站对你设计一个价值主张和商业模型很有帮助：https：// strategyzer. com

● 培养价值主张的优质资源：https：// conversionxl. com/value-proposition-examples-how-to-create/

● 一些价值主张的好案例及其运作的原理：www. wordstream. com/blog/ws/2016/04/27/value-proposition-examples

● 一些来自日本的设计思维启发性案例：https：∥ econsul tan-cy. com/blog/68443-13-inspiring-examples-of-desingn-thinking-from-japan/

● 爱彼迎及他们如何使用设计思维的故事：http：∥ firstround. com/review/How-design-thinking-transformed-Airbnb-from-failing-star-tup-to-billion-dollar-business/

● 你的询问商数是多少？试试这个简短的测试：http：∥ amo rebeautifulquestion. com/whats-your-inquiry-quotient-quiz/

● 浏览沃伦·伯杰（Warren Berger）的网站，寻找有用的内容、见解和关于如何提问的灵感：http：∥ amorebeautifulquestion. com

拓展阅读

关于如何提问的好书

Berger, W.(2016) *A More Beautiful Question*：*The Power of Inquiry to Spark Breakthrough Ideas.* Bloomsbury USA.

Rothstein, D. and Santana, L. (2011) *Make Just One Change*：*Teach Students to Ask their Own Questions.* Harvard Education Press.

Schein, E.(2013) *Humble Enquiry*：*The Gentle Art of Asking Instead of Telling.* Berrett-Koehler Publishers.

Sobel, A. and Panas, J.(2012) *Power Questions.* John Wiley & Sons.

Stock, G.(2013) *The Book of Questions.* Workman Publishing.

Vogt, E. E., Brown, J. and Isaacs, D. (2003) *The Art of Powerful*

Questions, *Catalysing Insight*, *Innovation and Action*. Whole System Associates.

方法和工具

Baghai, M., Coley, S. and White, D. (2000) *The Alchemy of Growth*: *Practical Insights for Building the Enduring Enterprise*. Basic Books.

Brown, T. (2009) *Change by Design*. Harper Business.

de Bono, E. (2000) *Six Thinking Hats*. Penguin.

Mortee, I. (2013) *Design Thinking for Strategic Innovation*: What They *Can't Teach You at Business Or Design School*. John Wiley & Sons.

Osterwalder, A. and Pigneur, Y. (2010) *Business Model Generation*: A *Handbook for Visionaries*, *Game Changers and Challengers*. John Wiley & Sons.

Ries, E. (2011) *The Lean Startup*: *How Constant Innovation Creates Radically Successful Business*. Portfolio Penguin.

Smith, A., Osterwalder, A., Bernardar, G., Papadakos, T. and Pigneur, Y. (2014) *Value Proposition Design*: *How to Create Products and Services Customers Want*. John Wiley & Sons.

Stickdom, M. (2014) *This Is Service Design Thinking*: *Basics -Tools-Cases*. Bis Publishers.

领导力和文化

Bungay Stanier, M. (2016) *The Coaching Habit*: *Say Less*, *Ask More & Change the Way You Lead Forever*. Box of Crayons Press.

Giudice, M. and Ireland, C. (2013) *Rise of the DEO：Leadership by Design*(*Voices That Matter*). New Riders.

Tennant Snider, N. and Duarte, D. (2008) *Unleashing Innovation：How Whirlpool Transformed an Industry*. Wiley.

6

投资：
勇于支持，善于吸引支持

INVEST

HAVE
COURAGE AND
PERSUADE
OTHERS TO
BACK IDEAS

我们策划了一个项目的系列新产品创新，客户满意地说："非常好！我们有一系列优秀的策划可以继续跟进。"通过定向小组研究和在线测评后，这些策划进入了"调查"阶段，其中一些策划需要改进。其他策划案则由于种种原因被搁置，进一步的调查和实践被中止。之后，一切都变得很安静，非常安静。几个月后，我们发现尽管方案详尽周密，公司也能够提出策划修改意见，但是高层领导始终无法做出决定。他们对推荐上来这么新奇的策划案始终犹豫不决。结果，没有人再提起这个策划，总有人担心是否行得通，最终该策划也没有付诸实践。

第二年，客户的一位竞争对手向市场推出了一款与我们的策划非常相似的产品。这款产品风行一时，直到现在仍是畅销品，而我们的客户就此错失良机。

这次经历以及我所亲眼目睹的无数类似经历让我前所未有地意识到，仅仅有新想法和发挥创造力只是成功的一半。不管新想法有多么出色，企业员工和他们的决定、企业文化以及支持冒险的倾向性、产品的生产流程、能否被不同管理层接受等都将成为这个创意能否最终实现的重要因素。

有想法是一回事，调查这个想法是否可行则是另一回事，但不能就此止步。你还需要投资，采取行动。人需要有勇气去冒险，这就意味着要走进一个未知的世界。不管是从打比方的角度还是从心理上讲，你都要走出熟悉的地方，做不一样的事情。你不知道接下来会发生什么，你不知道将面临灾难或失败，还是迎来难以置信的成功。不过，出现两种极端结果的可能性比较小。说服自己去冒险，这需要勇气、情感和心理上的适应力和决心，还需要能够支持你实现创意的其他技能。这种思维方式和投资技能正是本章主题。

投资阶段对创新至关重要，因为没有坚定的决心和勇气，好想法仅仅是个想法而已。在众多技能中，投资技能要求投资者具有评估和批准详细业务计划的能力，具有在压力之下做出务实的决定并判断何时何地分配资源的能力。创新需要说"不"和"是"。这些都是重要的技能，因为创新既需要抛弃一些想法，也需要支持一些想法。由于时间、资金和资源常常有限，所以决策者必须做出艰难的选择。

把握好时机也非常重要，因此你需要考虑行动的总体目标和阶段性目的。你需要问问自己，现在是做出决定的好时机吗？需要做出什么决定？有时候，就我列举的案例而言，你不知道时机是否正确。但无论如何，你还是要做出勇敢的决定。

影响力也是创新过程中必不可少的技能。但在投资阶段，影响他人来支持你的能力也同样至关重要。考虑到你也许需要从他人那里获得时间、金钱或专业知识的支持，所以影响其组织或人员以建立伙伴关系的技能也非常重要。

如果你处于领导地位，那么你也许需要训练和培养他人的沟通技能。说服他人的技能会帮助你获得更多的支持，有助于实现创新想法，发展创新文化。强大的资金支持会提高你在员工心目中的影响力，也会确保你获得更多的创新支持，毕竟创新不会随时随地都出现。投资是创新的关键，因为没有勇气做出决定并采取行动，好的想法就不会转化为创新成果。

投资者概述

创新作用：提供实际支持、做出决策、产生影响力。

思维模式：勇敢。

投资者的优势：

1. 善于考虑复杂信息并能做出决策；

2. 了解商业模式是否可行；

3. 在压力之下保持务实态度；

4. 判断何时何地分配时间、金钱、人力和资源；

5. 促使与其他组织和人员建立伙伴关系；

6. 勇于冒险。

图像代表着承诺的心态。漩涡开始成形，它们汇聚到一起将能量注入目标明确的活动中。

投资者的挑战：

投资者需要将逻辑思维和务实思维有效结合起来并相信自己的直觉进行冒险。这些技能通常很难结合到一起。其中一些障碍可能包括：

- 需要询求难以量化的信息，这可能会减慢决策速度；
- 没有在正规的日常业务需求之外分配资金；
- 对有限资源存在太多相互矛盾的需求；
- 无法帮助他人提高影响力并成为阻碍创新的 "瓶颈"。

对投资者来说，提升自己对好时机的感知力是个挑战，因为在错误时间里提出的好想法可能无法产生理想的效果。

如何与投资者沟通

根据投资者的六个 "I" 融合概述，以下列出如何与投资者有效沟通的行为准则。

要	不要
脚踏实地，求真务实，目标设定要现实	有过多的假设和不现实的期望
有清晰、明确的商业计划和模式	完全依赖创造力或热情，而不是良好的计划
阐述怎样让你的想法满足目标客户和市场需求	策划粗略，不能同潜在用户和客户进行测试
要有勇气和胆量。就如何将风险最小化同伙伴探讨出一个清晰的执行计划并让策划付诸实践	认为自己单枪匹马就能达成目标。请表现出来你有合适的人选或合作伙伴来帮助你执行策划

投资技能

尽管有很多技能可以帮助我们根据创意进行投资，但我们将重点关注创新投资阶段至关重要的六个核心要素：

1. 对商业计划进行批判性评估并做出决策；

2. 尽管充满困难，也能保持冷静并做出决定；

3. 清楚何时何地需要提供资源；

4. 善于说服他人合作；

5. 尽管充满挑战，还是要探索未知的世界；

6. 帮助他人提高说服客户的技能。

下面我们逐一讲解。

以下是关于投资阶段的技能、相关工具和活动项目列表。

技能	工具	活动
对商业计划进行批判性评估并做出决策	商务模式画布	制定计划
尽管充满困难，也能保持冷静并做出决策		投资组合规划
清楚何时何地需要提供资源	决策评估法	评估决策
善于说服他人合作		发展合作伙伴关系
尽管充满挑战，仍愿意探索未知世界	愿景板	仔细检查商业计划
帮助他人提高说服客户的技能	宣讲	

技能一——对商业计划做出批判性评估并做出决策

你有一个复杂的策划案，需要用市场机会的证据做综合分析，或者你有一个小型计划或新业务流程，无论哪种情况，你都需要做好计划。计划的详细程度和深度取决于你要尝试做的事情，但是无论其规模如何，培养创造、评估并在适当情况下批准计划的能力都是投资的核心技能。你需要了解是否有市场证明（POM）。调查阶段则更多与概念证明（POC）有关，即价值主张是否满足实际需求？投资阶段将更进一步。市场机会有多大？你的商业模式是否可行？你能完成计划吗？即便是你在初创企业中的计划需要更大的灵活度，但你仍然需要做好计划。你至少知道什么发生了改变，清楚自己到底在做什么而不是盲目进入实施阶段。不要仅仅心怀希望，希望可不是战略。

 活动

制定计划

一个好计划应该包含哪些内容？内容会很多，以下几个方面最为重要。

1. 首先，需要有一个经过深思熟虑的价值主张。不仅仅是一个想法，而是已被证实可满足某种需求的价值主张。如果没有，那请重新进行调查并确保你有一个这样的主张。

- 如果你正在进行商业创新，你打算怎么赚钱？
- 你的商业模式是什么？你如何为自己的服务产品定价？

● 如果你认为自己在第三年才会达到收支平衡，你如何在没有收入的情况下为这三年商业活动提供资金？

你可能有很好的价值主张，但是如果没有人打算购买或投资它，那么该主张可能不是好商机。

2. 其次，谁是你的客户，你将如何接触或吸引他们？

● 你的营销策略是什么？

● 你预计每种渠道或方式进入市场的销售量将是多少？

3. 最后，有些人认为这点最重要，谁来做？做什么？团队都有谁？

● 无论在公司内部还是外部，无论是一群员工、同事还是顾问，你是否有能力向客户推销你的价值主张？

 工具

商务模式画布

Strategyzer 创建的"商务模式画布"是一个非常好的工具，它可以帮助你全面思考你的想法该如何运作。有关于使用画布的更多信息，请参阅本章末尾的资源指南。

来源：https：//strategyzer.com/carvas/business-model-canvas

技能二——尽管充满困难，也能保持冷静并做出决策

冷静、客观、淡定是在压力之下做出决定时需要的重要品质。创新之所以充满压力，很大程度上是因为你正在涉足未知领

域，尝试全新事物。即使你没有将个人资金投入某事，你仍需对时间、资源和其他形式的投资材料做出选择。这需要一种特殊的实用主义。你是否能采取行动需要一种至关重要的综合能力，你需要依据掌握的事实和已察觉的动向及自己的直觉来评判决定。在这一创新阶段，很多想法都会被淘汰，甚至是那些好想法以及通过健全完整的创新流程开发的产品。调查阶段也可能已经证明你想开发的产品具备市场需求，但除非你能获得投资支持，否则在其他时间和资金需求的压力下，这种想法最终只能被束之高阁。据我们观察，这主要是因为公司都将资金用于一些常规业务及核心业务（第一层面），从而导致创新项目缺少资金。训练人们产生想法、创建创新团队，让他们进一步以客户为中心这都是非常好的活动。但是，如果你不支持这种通过培训或指导所产生的成果，那么人们的热情和新想法的潜力就无法根植于企业文化中或在企业文化中得到强化。

 活动

投资组合规划

1. 无论你是在一家机构工作还是为自己工作，留出一些时间和金钱专门用于投资一些新事物。

2. 像投资者一样思考：

● 采取投资组合的方法做出决定。我们知道，在所有已经开始的冒险和付诸实践的想法中有许多并不成功，所以要预料到有些想法会失败。

● 多方投资规避风险，即对高风险项目进行投资，也对低风险项目进行投资。

技能三——清楚何时何地需要提供资源

作为工作的一部分，我们指导经理们在工作中推动创新。有些是法人公司，有些则是初创企业，二者面临着截然不同的挑战。

这里有两个案例：

戴维（David）是一家入驻上海的大型跨国公司的中国区经理。在和日常运营无关的项目上，他能分配的时间和预算都非常有限。但他知道，如果企业仅着眼于短期重要的事情（第一层面），就会错过新的增长机会（第二层面）以及一些更大更具有颠覆性的创新机遇（第三层面）。此外，他想要鼓励自己的团队以不同的方式进行思考并改进日常运营项目。

萨曼莎（Samantha）是一位新加坡企业家，她已离开公司进行自主创业。在之前的公司中她能得到各种各样的支持，但现在她意识到自己必须精通许多之前一无所知的事情。她应该花多少时间与潜在客户见面？使用建立个人网站和社交媒体的策略怎么样？她什么时候有时间改进产品并与供应商协作？

戴维和萨曼莎都必须对何时何地分配资源做出判断。对于戴维而言，资源分配不仅仅是资金方面，还包括指导和管理。对萨曼莎而言则是分配其最有限的资源——时间。

 活动

评估决策

仔细想想上周你对当前资源所做的投资决策。

六 "I" 创新

1. 请回顾你的目标。这些决定对你的目标有何影响？影响是很大，是中等还是微小？

2. 你需要做哪些不同的事情？

3. 关于如何充分利用好时间，你变得更加慎重。

- 你是否只是看起来很忙，却并不注重工作效率？

- 如何改变这种现状？

 工具

决策评估法

1. 画一个有四个方框的网格。横轴代表"潜在收益"，纵轴代表"潜在成本"，在网格顶点两端分别标上"高"与"低"。

- 思考一下你的价值主张，然后将其标在网格的相关方框上。

- 这对你有什么启发？

高 忘记	高 探索
巩固 低	执行 高

潜在成本

潜在收益

2. 回顾你的商业计划。

- 你的商业计划是什么？

- 你的资源需要分配在哪里？

- 创建一个现金流预测，看看你将需要花费多少？你的预期收入将从哪里得到，什么时候得到？

- 关于如何分配你拥有的资源，你可能需要做出哪些决定？资金为王。

投资者沃伦·巴菲特（Warren Bufflet）说过，做出良性投资决策的第一步是查看你曾作出哪些非良性决策，分析不可行的原因。你可以从过去的不良投资决策中学到什么？

你知道吗？

设计师、发明家和亿万富翁詹姆斯·戴森（James Dyson）识别了一个创新的机遇，他注意到即使是最强大的真空吸尘器也会将灰尘吹到房间里，而不是反向吸回去。戴森看到锯木厂的一个机器利用旋涡分离机来去除空气里的灰尘后，激发了一个想法：开始考虑如何把分离原理用到真空吸尘器上。他组装好一个样机后意识到这个想法确实可行。为了研究和完善想法，戴森花了五年的时间不断制作和测试样机，身为美术教师的妻子为他提供了资金支持。前后共有 5127 个样机都以失败告终，大多数人认为戴森发疯了。他把自己的样机展示给那些家电制造商看，但他们并没有兴趣。于是，戴森决定自己投资，用自己的房子做抵押贷款 90 万美元。他的想法逐渐付诸于实践，样机投入生产后并开始销售。1995 年，他通过自己的关系网在一家大型零售商店出售新式吸尘器，产品销售非常火爆。

2016 年，戴森的 58 种产品创造了 24 亿美元的销售额，净利润估计为 3.4 亿美元。即使该公司用 46% 的 EBITDA（未计

利息、税项、折旧和摊销前利润）重新投资于研发，其净利润也超过了竞争对手。

来源：

www. forbes. com/sites/chloesorvino/2016/08/24/james-dyson-exclusive-top-secret-reinvention-factory/#4f72bd3d2e87

戴森的创业传奇在英国颇有名气，这说明筹集资金投资于创新方案并将其推向市场是多么的艰难！毫无疑问，这类故事可以在许多不同的例子和国家中多次出现。戴森识别了机遇领域，为他看到的问题提供了解决方案；通过制作模型和测试进行了调查，其中共包含 5127 个样机。他投入了自己的时间和金钱，但实际上直到他利用了自己的网络和人脉，产品才大卖。这表明了在进行创新时多种技能、拥有的人脉、机缘以及在正确的时间和领域投资都十分重要。你想要做的是通过优化技能和明确机遇领域来增加成功的概率。控制你所能掌控的事情，但不要低估了同步性的力量。

技能四——善于说服他人合作

当我和丈夫于 2010 年移居新加坡时，我们邀请了英国贸易投资署（UKTI）帮助我们与潜在客户会面。如果我们没有这种伙伴关系，我们也许无法成功起步。我们很清楚客户是谁，我们能提供什么产品，但是我们需要帮助才能接触到合适的决策者。英国投资署知道我们应该找谁洽谈合适，并能通过他们与新加坡公司的合作关系来接触到这些人。如果只是我们自己去拜访他们的话，我不确定是否能得到同样的回应。我们想要开展业务就要花费更多的时间。

如果你想在自己工作的创新方面而非其他方面取得成功，需要考虑通过哪些伙伴关系来加速进入市场。根据你所做工作的性质和规模，你可能需要一系列的合作伙伴关系，例如来自营销、销售、技术开发、法律、知识产权、金融和设计等领域的合作伙伴。如果你想要离开跑道开始起飞，那么影响他人的能力是一项关键技能。

 活动

建立合作伙伴关系

1. 查看你的计划。

● 你缺乏什么技能和经验？

● 你需要谁的帮助来实现计划？

● 列出所需的专业知识。

● 想想你的人脉，或你朋友的人脉。这些人能帮到你吗？他们认识的其他人可以帮到你吗？

请记住在识别一章中关于扩展人脉的技巧。

在这个阶段运用也会有所帮助。

2. 如果你正在开发具有知识产权（IP）元素的产品，但是你不在大机构中，请为自己找到一位优秀的知识产权律师并学习相关法律知识来保护你正在开发的产品。

3. 成为讲故事的人。

● 将你的主张变成引人入胜的故事从而打动人心并开阔思路。有关方法请参阅本章末尾的资源指南，这些观点会有助于你

发挥魅力，激发他人支持你的热情。

技能五——尽管充满挑战，仍愿意探索未知世界

国际畅销书《蓝海战略》（*Blue Ocean Strategy*）作者金伟灿（W. Chan Kim）和蕾妮·莫博涅（Renée Mauborgne）在其书中说："高管如何促进价值创新？首先，他们必须确定并阐明公司的主流逻辑。然后，他们必须挑战它！"这需要勇气，而勇气来源于风险。如果没有受损失的风险，就不需要勇气。如果你要挑战行业或公司运作的普遍逻辑以及竞争动态，那你就必须反对那些被认为是常规、既定和安全的东西。例如，谁想到苹果会成为音乐和娱乐平台（iTunes）？谁想到乘飞机出行成为老百姓普遍的出行方式（亚航、英国易捷航空）？不久前，乘飞机还是一种只有富裕的游客或商务旅客才能享有的高价体验。然而现在情况不再如此，这些市场以及许多其他市场都在发生着巨大的变化。要有勇气，就必须有信念和远见。你需要在脑海中勾勒目标和创新成果，这是投资阶段必有的步骤。创新是一种创造性的行为，但这种行为并不是仅仅指产生新想法，它还需要勇于行动、产生动力并积极地把想法付诸实践。

 活动

愿景板

重新审视目标。

1. 创建你想要创建的愿景板，内容要尽可能丰富，具有影响

力。你可以从网上选择图像，或从杂志中剪裁图像。

2. 把这些图像融入你的想像当中，或想像你正在阅读自己创建的相关内容文章：

● 你的故事会被刊登在什么期刊上面？

● 标题是什么？

● 把故事写下来再去阅读，直到你认为它有说服力，也让你重新充满远见和勇气。

 活动

仔细检查你的商业计划

找到一个你信任的人，他/她能够检查你的业务计划并挑战你的思维方式。你可能会决定往前走或不再往前走，但至少你要在深思熟虑、彻底考量潜在风险之后再做出决定。

勇气不仅仅是说声同意就行。你无法啥事都干，必须专注。对可能使你偏离目标的事情说"不"。

技能六——帮助他人提高说服客户的技能

几年前，我曾有机会与迈克尔·格林德（Michael Grinder）一起学习，他是群体动力学及非语言交流领域最著名的思想家之一。在 10 个月的时间里，我们学习了如何扩大非语言影响范围和提高沟通技能。每周我们必须提交一份作业，说明我们将这些技巧融入日常生活的方式。格林德说："影响力产生于他人的思想。"仔细一想，如果影响力产生于他人的思想，那么我们了解其观点（即他们应该支持我们主张的原因）的能力则是一项需要培养的非常重要的技能。在我们的工作中，我们需要像训练自己的创造力一样训练自己产生影响力的能力。如果你想发展创新文化，这就不仅仅关乎你的个人影响力，也关乎能不能同样帮助他人提高影响力。一次又一次，想法（通常是好点子）在这一创新阶段止步不前。人们可能有很好的想法，但是由于他们缺乏影响其他决策者的能力，因而得不到关注或支持。通常声音最大或者政治影响力最大的发言才能被听到。如果想法不具有独特性，那么该想法则对创新一无是处。

 工具

做宣讲

1. 想像你用 1 分钟的时间说服他人购买你所制造的商品。

- 你打算说什么？

- 练习编写说服用语，并尝试去说服几个人。

- 他们的反应怎么样？

- 教别人做同样的事情。

2. 向与你意见向左的人介绍你的解决方案。

- 他们能理解吗？

- 如果他们无法理解，你该如何简化语言并使你的言辞更具吸引力？

3. 如果你是团队的经理或领导者：

- 安排时间让职员练习向彼此宣讲自己的想法。

● 聘请专业人士来帮助你的团队学习宣讲和影响他人的技能。

以下是你需要包含在宣讲中的关键内容：

1. （开场白）开头介绍——价值主张是什么？

2. 商业模式。

3. 市场/可扩展性。

4. 竞争/替代品。

5. 团队。

6. 预测（潜在的投资回报率收益）。

7. 当前状态（你现在处于何地）？

8. 需要的计划/时间表/预算。

9. 风险/偶发事件。

10. 结束语（价值主张）。

错过投资阶段的危险

● 你（或你的团队）可能对什么能使价值主张生效抱有不切实际的想法。

● 你可能没有一个经过深思熟虑的商业模式。

● 你无法影响任何人来支持你实现这一主张。

● 你难以获得他人的帮助去实现创新。

投资的思维模式：
困难和挑战下激励行动的态度

勇敢

在从新加坡飞往英国的长途航班上浏览英国航空《高生活》（*High Life*）杂志时，一个故事引起我的注意。这是一则关于食品科学和美食学创新者赫斯顿·布鲁门塔尔（Heston Blumenthal）的故事，讲述了他从自学成才的厨子到名扬海外的大厨，再到英国米其林三星级肥鸭餐厅（Fat Duck）老板的历程。我脑海里浮现出一段对话。记者问："你如何看待被人们称为'先驱'？""这个嘛，当你成功了，人们很容易称你是'先驱'，就像我向你讲自己的故事一样容易。如果我失败了，人们就会称我是'失败者'。"他回答道。

当我们谈论起风险与失败这两个人们在尝试新事物都会遇到

的问题时，答案确实如此。人人都喜欢"土鸡"变成"金凤凰"的故事，历尽千难万险之后他/她终于取得成功。美好的故事结局在我们心中已经根深蒂固。而事实上，我们知道十分之九的企业都以失败告终。我们没有读到那些重新抵押房产、负债累累，为了信念失去一切的企业家或商人的故事，因为他们的故事除非成功否则不会被记录下来。或者，我们知道了他们的经历，会说："可怜的约翰，他真是太冒险了！你知道吗，他连自己的房子都赔进去了！我早就说过，这行不通！"

尝试做新事情确实会产生压力。很长一段时间里，你不仅有心理压力，生活和工作的社会环境也会给你带来压力。大脑在不断地学习、适应和变化以应对新的刺激和经历。从我们的文化传统来讲，这是一种需要立即取得成果的压力，或者是一种需要遵循的正确做事的压力。这是一贯的认识方式。你要成为一名优秀的创新者就必须看透这一切，即使不知道结果会怎样，你也要满怀勇气和信心地采取行动。

越来越多的机构希望鼓励企业家精神，或者至少鼓励员工创业的勇气。如果真的鼓励这种精神，就需要一种方法让职员知道他们可能会受挫甚至失败，但仍会获得赏识和重视。企业或组织需要有对实验的容忍度，并知道做出的某些选择或决定可能会行不通，让员工可以面对自己的恐惧并大胆行动。但仅仅口头承诺远远不够，必须深入人心。我们许多人都过着享有特权和受到相对庇护的生活。的确，我们很有可能不会在日常生活中面对这些挑战，而且我们有某种形式的安全感可以依靠。我们有自己的房子，有固定收入。然而，有些事情可能不会像我们所希望的那样发展，或者我们对做新事情充满好奇。那么，我们如何才能感受到自己的恐惧呢？

几年前，我们为来自亚洲 8 个不同国家的经理人举办了一次创新研讨会。与客户商量后，我们决定在澳门举行会议。在谈论风险和恐惧时，我们并没有只是理性地讨论冒险的必要性，而是把整个团队带到了澳门观光塔的顶层。澳门观光塔高 233 米，从塔边缘跳下的蹦极是世界上最高距离的商业蹦极运动。我们有 3 个选择：蹦极、沿着塔边缘高空行走或者爬到塔顶。你无法想象当我们回到讲习班时汇报内容有多么丰富！大家的身心都感受到巨大的恐惧，但是采取了行动，所以这次研讨会不仅仅是简单的理性探讨。对于部分经理人，他们经历了一次极有启发性的"恐惧"，为自己尝试成功新事物而感到骄傲。

没有人在成功路上可以一步登天。创新六个 "I"® 模型不是线性创新模型而是一段纵向的历程。在这段历程中有死胡同、灾难和小胜利。有时机缘巧合，事情可以顺利解决。如果要创新，则需要培养面对危险、困难、痛苦和采取行动的勇气。注意到你的恐惧，选择去尝试新事物。创新不一定是拥有盲目的信念，不是权衡利弊或将失败风险最小化，而是要有勇气迈向未知。这就是很多人和企业组织认为创新很艰难的原因。

几年前，我曾在新加坡举办的"卡特彼勒妇女倡议"会议上发言。一名女性现场问我如何让自己变得更勇敢。这是个有趣的问题。如果你发现进入一个未知的世界很容易，那么有时候很难向他人解释其中的原因。我回答她说："你在尝试新事物的时候，或者在一个听众坐得满满的房间里发言感到不舒服吗？你能感觉到自己心脏狂跳、胃部痉挛，但是接下来你继续尝试新事物或继续发言了吗？这就是勇敢的行为，要从小处入手。"

请查看你的创新挑战。如果你进行了充分的调查，那么风险将会降低，但不确定性因素仍然存在。这不可避免，否则创新就会成为家常便饭。你还可以怎样去践行勇气？你已决定继续或放弃。然后，乐趣才真正开始。你必须拿出自己的创新并且不断完善它，最终得以实施。这就引出了创新六"I"® 模型中的第五个"I"，我们将在下一章中探讨实施和执着的思维模式。

> **想要培养一种勇敢的思维模式吗？**
>
> 一种激励人们在面对挑战和困难时仍采取行动的态度

 尝试

1. 克服恐惧。

● 注意你内心对恐惧的感觉，它在哪里？在你的胃部，在思想里，还是胸口里？你要更加熟悉这种感觉并且要留意触发情绪的因素。

● 把恐惧看做巨浪。想象一下，你正在冲浪板上冲浪，拥有力量和自信。即使你被浪头打下踏板，你还可以重新再上去，最终安全抵岸。

● 当你下次开例会想说些什么但又担心别人会如何评价时，无论如何一定都要讲出来，并且关注之后的自我感受。

● 在私人空间如家里，放些你喜欢随之舞动的曲子。跳起舞来，释放自我。

● 参加聚会并第一个迈入舞池，就好像旁边没有人关注你，自然地跳起舞。

● 列出你真正想做但不敢尝试的五件事情，下决心去做其中一件。

2. 给自己定一个宏伟目标。这个目标会让你走出舒适区，挑战你的思维。制定一个计划并开始执行。

3. 培养反思的习惯，选择适合你的反思方式。

● 也许是长距离散步、静坐冥想、深呼吸或气功。

● 学会静下心来，远离繁忙的工作。这会有助于你工作时头脑清醒、注意力更集中，做出更好的决策。

要让这些勇敢的思维创新活动成为你生活的一部分。

准备好进入实施阶段了吗？重新查看你的目标，使用这个简单的清单来确保你已经认识了投资阶段的一些重点。你是否需要回到激发或调查阶段？你的创意到底有多强大？

活动	完成
我已围绕清晰的客户价值主张和商业模型制定了计划并确定了能够帮助实现这一目标的合作伙伴关系	
我已经对自己的主张进行评估，了解资源影响和成本效益。我已经找到了一些投资	
我创建了一个愿景板，它可以激励我获得勇气和启发。我已经练习如何把恐惧变成勇气	
我已经做了宣讲，与可以帮我推进创新主张的人进行了交流	

进一步培养技能和思维方式，请参阅本章末尾的资源指南。首先让我们一起来认识托马斯·尼加德（Thomas Nyegaard），他在创新六个 "I" ® 模型中得分最高项是 "投资"。

走近托马斯·尼加德

投资者个人资料

姓名：　　　　　　　　托马斯·尼加德

工作：　　　　　　　　企业家和投资家

公司：　　　　　　　　贸易工程（Tradeworks）

六个"I"® 模型中的最强项：投资者

你现在想通过创新解决什么挑战？

我有投资银行家的经历，曾在伦敦从事固定收益销售业务长达 13 年，为北欧客户和伦敦、纽约的精选对冲基金提供服务。早在 2002 年，我就开始对初创企业进行投资。2009 年，我决定回到哥本哈根加入一家小型投资公司以便获得更多投资初创企业的经验。之后我很快意识到，想成为一名好的投资者，你必须有自己的创业经验。这促使我来到亚洲，在这里我与他人共同创立了一家名为贸易工程（Tradeworks）的初创企业，总部位于新加坡和丹麦。我们让零售交易者无需编码即可轻松设计和部署自动交易战略，这是一个多年来一直缺乏创新的利基市场。通过简化和自动化来替代劳动密集型过程，即让机器可以执行战略是一个挑战。这有助于将通常与此类交易相关的人为风险降至最低。

根据六个"I"® 模型评估结果，你是一名投资者。这种评估结果如何影响或改变你的工作方式？

想要在创新上取得成功需要综合考虑各种变量。但是，如果你最终没有得到资金，那么想法则无法付诸实践。作为一名投资者，我一直在思考获得投资回报可能性的大小如何？我在贸易工程公司以及商业拓展部门中的部分职责是为公司筹集资金。作为天使投资人，我特别了解投资者的需求以及投资者期望看到的融资宣讲是什么样子。尽管企业家还有许多同样重要的工作需要处理，但筹措资金总比他们预想的更为艰巨和耗时。坚持可行的商业计划、保守的预算和常识才是关键！

你如何发挥自身优势？对于那些想要在投资阶段做得更好的人，你有什么建议？

大多数商业计划失败的原因是它们建立在梦想之上。只有5%~10%的人可以幸存下来。当我看到融资宣讲时，我就明白了其中的一切。企业家虽然很有激情，但他们的假设通常是错误的。我批判地看这些假设，在把其中50%的内容去掉后，再看商业模式是否仍然有意义。任何人都可以用 Excel 表进行财务预测，但重要的是企业家能否充分证明这些数字的准确性？一定要脚踏实地从实际出发。事情永远不会如你所期望地发展，它们需要更多时间和更多资金。

你会采取什么措施改进你不足的领域或拓展对你重要的领域？又会如何落实？

重要的是要谨记，当一个员工离开公司成为企业家时，他之前拥有的资源也就不复存在。你需要进行销售、拓展业务，需要掌控财务状况，最终可能会因为需要做的事情太多却什么都没能做好。我尝试遵循帕累托规则（Pareto），即80%的价值是通过专注于20%的手头任务而得以实现。你必须对需要做的工作持批判态度。我与团队讨论战略关键绩效指标（KPIs），先去确定需要做什么业务才能产生最大价值，然后再坚持不懈地做这件事。人们很容易被突然出现的各种机会所吸引而脱离既定轨道。为了获得启发，我也尝试通过与行业中正在创新的人进行交流，他们可以挑战我的思维。

创新六个"I"®模型对你和你的团队/企业有什么帮助？如果有帮助，你能分享一些案例吗？

我认为创新和创业的最大陷阱之一就是跟着感觉走，这很危险。你认为有了一个好想法，很中意，你的朋友也认为是个好点子，但这并不意味着你想要创新或者生产出产品就会有市场。创新六个"I"®模型将为你提供一个过程，这样你就不会错过重要的步骤，例如调查该想法是否可行、测试你的假设、寻找客户、让合适的利益相关者参与进来，以及制定能获得商业模式支持的价值主张。其余就靠你努力工作和一些运气了。

你有没有做过一些自认为是创新的事情？

干扰外汇市场是一种有创新性的行为。识别要简化复杂、费时活动的机会以激发出开发自动化软件的想法还只是创新活动的开始。现在我们要做的是创建业务并为业务发展创建一个可持续融资平台。投资、实施和持续提升是发展的关键，通过世界顶级用户体验，创造一种先进技术是我们的愿景，这将激励我们勇往直前。

投资资源指南

本章列出一些学习资源，便于读者进一步探索更好的投资思路、建立勇于创新的思维模式。

资源指南

企业家精神、投资和影响力

有许多网站、书籍和专家可以帮助你更具有企业家精神和影响力。以下是一些帮助你的想法。

● 这是两篇很不错的文章——一本关于如何撰写商业计划书：www. entrepreneur. com/article/247575；另一本关于如何向投资者宣讲你的想法：www. entrepreneur. com/article/251311

● 了解如何构建自己的"商业模型画布"：https：// strategyzer. com/canvas/business-model-canvas

● 珍妮·李（Jennifer Lee）是《右脑商业计划》（*The Right Brain Business Plan*）的作者，她在网站上为有创意的企业家和自认不是天生擅长商业计划的人提供了学习建议与资源：www. rightbrainbusinessplan. com

● 《基本创业指南》（*The Essential Guide to Entrepreneurship*）推荐大家向投资家兼企业家盖伊·川崎（Guy Kawasaki）学习：www. udemy. com/entrepreneurship-course- by-guy-kawasaki/

● 我认为世界上最好的非语言交流和群体动态力学的教练是

迈克尔·格林德（Michael Grinder）。你可以从这里获得有关他的信息：www. michaelgrinder. com

缓解压力

研究表明，人们在清醒状态下有近47%的时间花在思考与当下事情无关的东西上，而这会损害创造力和绩效。想知道你工作时有多么认真吗？试试这个测验：https：// hbr. org/2017/03/assessment-how-mindful-are-you

● 注册参加潜力项目计划（the Potential Project），这是一家能为组织和领导者带来专注力的跨国公司。获取有关在工作中保持专注力重要性的技巧、练习和有用的研究，请访问：www. potentialproject. com

● 你在练习专注力时需要得到指导吗？你可以了解科学家、作家兼冥想导师乔恩·卡巴·金博士（Jon Kabat-Zinn）为主流医学界、社会学界高度认可的专注力训练法：www. mindfulnesscds. com

培养勇气

我们可以从商业领域之外获得很多勇气。以下是两种截然不同的观点：

● 萨米·佛朗哥（Sammy Franco）是实用自卫术指导方面最受认可的权威之一，同时也是一位武术创新者。著作《十大意志力培养技巧》（*The 10 Best Mental Toughness Techniques*，2016）可以帮助你学习如何培养意志力。

● 罗伯特·比斯瓦斯·迪纳（Robert Biswas-Diener）博士被誉为新一代"积极心理学的印第安纳·琼斯"，他的著作《胆商：

科学如何让你更勇敢》（*The Courage Quotient：How Science Can Make You Braver*，2012）会为你开启探寻勇气的旋风之旅。

拓展阅读

以下是我喜欢的一些关于影响力、如何讲故事，以及为你的新主意争取支持所需基础技能的书籍：

Barnes，K.（2015）*A Model for Exercising Influence：Building Relationships and Getting Results.* Published online：http：//onlinelibrary.wiley.com/doi/10.1002/97811191 58523.ch3/summary.

Berger，J.（2013）*Contagious：Why Things Catch on.* Simon & Schuster.

Callahan，S.（2016）*Putting Stories to Work：Mastering Business Story Telling.* Pepperberg Press.

Carnegie，D.（2006）*How to Win Friends and influence People.* Vermilion.

Cialdini，R.B.（2017）*Influence：The Psychology of Persuasion.* CreateSpace Independent Publishing Platform.

Health，C.and Health，D.（2007）*Made to Stick：Why Some Ideas Survive and Others Die.* Random House.

Kawasaki，G.（2011）*Enchantment：The Art of Changing Hearts，Minds，and Actions.* Portfolio.

Pink，D.H.（2014）*To Sell Is Human：The Surprising Truth About Moving Others.* Canongate Books Ltd.

Schwartz，B.（2005）*The Paradox of Choice：Why More Is Less.* Harper Perennial.

7

实施：
实现想法，创造价值

IMPLEMENT

MAKE AN IDEA
HAPPEN AND
CREATE VALUE
FROM IT

在我们讨论新的商业想法时，我问同事："我们在哪可以找到这方面的专家？"2000 年 2 月，我辞去在大型组织的稳定工作，选择在德国汉堡的一家企业孵化基地任职，所在的部门只负责发展创新经营。我被称为未来的塑造者，负责寻找新的发展机会以及确定发展对策。

在一个负责策划的小团队内，我们充满热情，不分昼夜地工作，将想法具体化并为新产品评估潜在市场。

团队中的一员说："我知道，我有一个朋友，他是这个领域的首席研究员。"我们与多次获奖的跨文化心理学家吉尔斯·斯彭尼博士（Dr Gilles Spony）进行合作，将其 10 年的研究成果转化为一种可应用于组织生活的在线评估工具。就这样，我们开始了对心理学世界的探索。

经过详细商讨后，我们决定寻找一家专门为跨国公司安排顾问及项目经理的公司并与其建立合作关系。在企业孵化基地，有人询问成员们是否想要在市场中开辟新事业。答案是肯定的。接下来的两年，我们从零开始，建立了一家专门从事人力资本开发的技术公司。在我们寻找能够开发和帮助扩展应用程序的 IT 合作伙伴时，我的同事自学了编码并建立了初始原型。我则专注于业务和产品开发，与斯彭尼博士密切合作以提供新服务。

然而，我们尽管发明了创新的应用程序，却未曾预想到购买者的保守本性以及将创新产品推向市场的困难性。最终，我们与大型商学院和一些跨国公司的合作取得了成功。然而，不得不说，"实施"真的很困难。

这对我们所有人来说是一个教训。我们可能已经识别了一个机会：在我们这个案例中，是对可以评估文化差异的领导角色的需求。我们已经激发了一个解决方案——对我们来说，解决方案就是一套在线应用程序，它可以衡量个人、团队和组织的价值观以及国家文化对领导决策的影响力度。我们可能已经获得了一些投资并拥有了合作伙伴，但艰难的工作才真正开始。那就是实施。我们通常认为实施能力不是创新的一部分，但它确实是。没有实施，就没有创新。

许多变量在推动创新发展中起了作用。回顾生活，它就像是拥有逻辑和公式的机器，因为我经历过，所以我很容易就能将其拆分，细看它的机械结构。不过，有一点是清楚的，那就是创新是一项艰苦的工作，即使是在事情变得艰难的时候，创新依旧需要纪律和决心才能继续下去。有想法和远见是必要的，但这还不够。我们还必须知道什么时候该向前看，让事情成为历史。这一点很难做到，尤其是在你投入了大量的个人精力试图取得成功的时候。

实施能力是本章的主题，因此我们将看到想法如何得以实施。

我将在本章中提供示例、技巧及活动以帮助你提高能力和信心去实施新的想法。

该阶段是创新的核心，因为如果没有能力将想法付诸实践，就无法创造价值，也就不会有创新。实施阶段包括有条不紊地完成任务、计划以及组织和管理风险。因为执行计划和完成任务的能力是最重要的，所以这也是创新的艰难之处。实施的思维模式是执着，要看清事情本质，然后一一落实。

管理风险也同样重要，因为从长远来看，放眼未来并发现潜在问题可以节省大量时间和金钱。从领导的角度来看，让员工积极按时交付和做好预算，以及用必要技能创建合适的团队，这些都很重要。实施需要这样的能力，创建团队并让其成为经验丰富且有能力的强大团队。

能够激励他人也有助于提高生产力和效率并创造一种创新文化，在这种文化中，人们有动力去获得成功。有时，你可能缺乏实施想法的能力或实力，所以与他人和组织合作至关重要。合作正变得越来越重要，因此要注意这一点，因为你可能需要找到潜在的合作伙伴来实施你的想法。

实施者概述

创新作用：提供管理、聚焦重点和严明纪律。

思维模式：执着。

实施者的优势：

1. 善于计划及组织；

2. 做出成果；

3. 管理风险；

4. 激励他人实现目标；

5. 建立联盟及伙伴关系；

6. 分配和管理资源；

7. 建立和管理强大的团队。

该图代表了实施者执着的思维模式。漩涡成型，汇聚在一起，将能量汇聚于目标活动中。

实施者的挑战：

实施者喜欢把事情做好，同时往往务实、专注并以行动为导向，但他们可能：

- 有时操之过急；

- 不花费时间去研究一种想法的可行性；

- 忽略其试图进行创新的方面；

- 陷入运营问题，不再关注全局。

实施者持有以行动为导向且务实的观点。这可能会导致他们在实施过程中做决定时更多基于实践的可行性，而不去探索有助于保持想法新颖的其他创造性选择。

如何与实施者沟通

根据实施者的六个"I"融合概述，以下列出如何与实施者有效沟通的行为准则。

要	不要
以行动为导向，注重结果。坚持底线	在没有完成当前事情之前就开始一项新的活动
有实际计划，但在沟通时要根据情况的变化做出调整	在实施者未参与决策并得到其认同的情况下不断改变想法
让实施者参与建设团队并和他们建立合作关系	目标、关键绩效指标不明确或听天由命
不管遇到什么挫折，持之以恒，全力以赴	对于要完成的核心活动缺乏关注

实施技能

虽然有许多技能可以帮助我们实施想法，但我们将主要关注对于这一创新阶段十分关键的六个核心属性：

1. 想清楚需要做的事；

2. 将责任贯彻到底；

3. 预测可能出现的问题并知道如何将风险最小化；

4. 与他人合作并建立伙伴关系；

5. 建立拥有互补技能和知识的团队；

6. 帮助员工在预算和规定时间内完成工作。

下面我们逐一来讲解。

以下是实施领域所需技能及其相关工具和活动项目列表。

技能	工具	活动
想清楚需要做的事	项目计划 任务分配	创建项目计划
将责任贯彻到底		决定优先顺序 与实施者一起努力
预测可能出现的问题并知道如何将风险最小化	风险管理	设立一个顾问委员会
与他人合作并建立伙伴关系	技能评估	
建立拥有互补技能和知识的团队	工作方式	团队动态 团队愿景板

续表

技能	工具	活动
帮助员工在预算和规定时间内完成工作	六个"I"® 模型追踪器	匹配角色与动机

技能一——想清楚需要做的事

不论你是企业家、小公司老板还是在大公司工作的职员，我们都拥有相同的时间：一天 24 小时。

对于大多数人来说，我们每天利用大部分时间来工作，做一些能带来收入或对职业有帮助的事情。虽然我们很忙，但我们的效率高吗？工作效率与你的工作时间无关，却与你如何巧妙分配所需完成任务的时间有关。花很多时间做事情是很有吸引力的，因为这让我们看起来很忙或让我们感觉自己正朝着目标前进。但是退后一步，思考一下你是如何利用时间的。开会时，你希望自己在别的地方；在做重要的事情时，你在走神。在这些情况发生时，你花费了多少时间？计划和组织能力是将新事物带到世界的关键技能。不要为了计划而计划，仔细思考需要做什么才能帮助想法得以实施。通常情况下，尤其是在实施新想法的初期，时间至关重要，绝不能浪费。

 活动

创建项目计划

重新审视你的目标宣言。

1. 你想要何时看到想法得以实施并创造价值？

2. 通过回顾六个 "I" ® 模型创建时间表并填写日期。

3. 如果你要在一定时间内看到结果，为了使解决方案更加有效，你要确保花费时间关注前几个 "I"。

4. 让自己和他人专注于你试图创新的结果。

 工具

任务分配

回到投资阶段的愿景板。什么会帮助你实现你的目标？

1. 列出所有需要完成的事情。

2. 将其按以下主题分类：

- 过程（操作过程和管理过程）

- 变化（产品和服务开发）

- 结果（销售、营销和业务发展）

- 人员（团队和客户）

3. 根据创新效果对任务进行优先排序。

4. 每周都这样做一次，这四个方面要随时保持平衡。

 工具

任务分配

1. 创建一个类似于下文的表格。

2. 表的纵列写上行动。

3. 表格栏分别写上人员、时间、事件、地点和方式。

4. 深思熟虑后写下组织活动的最佳方式，为了达成目标，这些活动需要在对应类别中完成。

5. 你打算怎样跟踪计划？

人员行动	人员	事件	地点	方式
行动一				
行动二				

结果行动	人员	时间	地点	方式
行动一				
行动二				

变化行动	人员	时间	地点	方式
行动一				
行动二				

过程行动	人员	时间	地点	方式
行动一				
行动二				

技能二——将责任贯彻到底

当我们考虑创新时，我们常会想到创造力。然而，正如我们讨论过的那样，无论创造力多么重要，它也只是创新的一部分。成功实施一个想法同时保持其新颖性并从中创造价值，这需要许多复杂的技能、能力和过程。

几年前，我们与一家高速发展的科技公司合作。他们提供极具创新性的产品和服务并且还有坚定的领导团队，他们专注于取得成果。除非你能在提供服务的操作方面跟上进度并处理其压力，否则客户需求就是一个挑战，而且是一个巨大的挑战。客户的投诉越来越多，质量控制也出现了问题。他们无法解决。在分析数据时，这支高水平的领导团队能够识别和激发相关的技能，然而，尽管员工执行力很强，但领导团队中没有人能够有条不紊地认真思考怎样实现更高效的服务。只有办事有条不紊、注重细节、注重分析、注重过程和控制，才能实现系统化。在测试过程和程序是否能协调一致产生最佳结果，是否能使创新发挥作用时，这些品质至关重要。

 活动

决定优先顺序

1. 从你的目标中选择一个目标。

2. 把它分解为独立活动。

3. 考虑所有活动之间的相互依赖关系。首先需要做什么？

4. 根据自身情况，分配每个任务所需时间。

5. 分清轻重缓急。

6. 选择一项重要的活动，并思考如何以最好的方式来完成它。

7. 先做那件重要的事。当你开始付诸实践时，你会获得能量和动力。

8. 如果你一直处于紧张状态，注意，这会让你筋疲力尽。

活动

与实施者共处

1. 与比你更具系统思维、更注重行动的实施者交谈。

2. 就如何着手活动向实施者提问。例如：

● 告诉我你如何开展工作。你先做什么？

● 按顺序告诉我你下一步做什么？

● 当环境改变时，你会怎么做？你如何将变化因素列入到计划中？

● 你如何让人们履行职责？

3. 你能从他们身上学到什么？

4. 在工作中借鉴他们的某个策略。

技能三——预测可能出现的问题并知道如何将风险最小化

虽然创新常常等于冒险，但这并不意味着我们盲目地探索未知。善于管理风险是实施想法的一部分。这就要求我们能够未雨绸缪，思考风险可能出现在什么地方、什么时候，以及如何以最佳方式使风险最小化或减少风险。许多风险可能涉及财务问题。如果你是一个小企业，给一家大公司开了发票，但大公司的付款政策为 90 天付款，在收款前，这三个月你将如何运营？你可能有一个很好的产品或服务，但一切都取决于现金。许多小型企业之所以失败，是因为它们没有做好现金流预测。

或者，如果你在一个大型组织中进行一项新的风险投资，它可能会从现有产品和服务中分流当前的收入流，那么你将如何应对潜在收入的损失？风险管理依据一定纪律。从技能角度来看，创新需要将创造力和纪律性巧妙结合，而这两者通常被视为是两个极端。创造力抽象而不可预测，纪律则有关于秩序和控制。为了实现创新，二者缺一不可。其中诀巧就是要清楚地知道什么时候运用什么技能和思维模式。

 ## 工具

风险管理

对所有你认为计划中可能出现的问题进行头脑风暴：

- 明确风险；
- 分析风险；
- 按影响力分级；
- 评估选择；
- 考虑如何降低风险；
- 主动管理风险。

风险	描述	等级（1 风险低，10 风险高）	选择	优先顺序	行动

 ## 活动

设立一个顾问委员会

1. 设立顾问委员会，不管是律师、税务会计师、财务规划师还是风险管理专家，向他们征求意见。

2. 如果你是一个企业家，你有保护自己和企业的正确保险政策吗？寻求所需保险政策的专业建议。

技能四——与他人合作并建立伙伴关系

当我们讨论该如何启动和运行新商业理念时，一位雄心勃勃的企业家对我说："我似乎无法集中注意力。我被其他想法分散了注意力，好像无法将一个想法坚持到底。"当时，我正在巴厘岛为一个女性领袖（WWL）静修活动提供帮助，每年我都会为女性高管举办几次这样的活动。许多女士来参加会议，她们来自各行各业。有些是首席执行官，有些是小企业主，有些是待业者，有些是各自领域的主管。每位女士都因生活和工作需求而倍感压力，在这里，她们可以不受干扰地把时间花在自己想要创建的新项目或新业务上。这次静修活动旨在充实思想和培养所需能力和技能，让她们能够提升到一个新的领导水平并将其想法变为现实。

通过仔细查看六个"I"®模型，这种模式将变得明显。作为一个高度识别者和激发者，这位女士并不缺乏想法，事实上，她十分有创造力。然而，她的投资和实施能力非常低，所以她的想法变来变去，这就分散了她的注意力，也削弱了她的精力，因而没有时间把想法变成具体可行的事情。

有想法和远见是一回事，实现它则是另一回事。然而，在创新者的工具包中，实施技能往往不被认为是有价值的部分。但其实，实施技能至关重要。我们共同制定了一个实施计划，把静修活动参与者圈子里的关键人物隔离开来，因为她可能会与这些人商讨合作。

 工具

技能评估

1. 回归到你的计划中。

• 在每个活动下面，列出推动你的想法所需要的技能、能力和经验。

• 你拥有哪些技能，缺少何种技能？

活动	技能	能力	经验	潜在合作伙伴
活动一				
活动二				

2. 有哪些关键人物可以帮助实现你的想法？他们可能就在你的团队和/或其他重要的利益相关者中。他们为什么要支持你？（这对他们有什么好处？）

3. 仔细检查你计划中的关键部分。你需要谁来帮你实施想法？

• 你需要什么样的支持？比如说，营销、销售、产品开发、设计、财务等等。

• 就任何可能涉及法律协议的领域寻求建议：正式的合资企业、联盟等。

你知道吗？

1976 年，在安妮塔·罗迪克（Anita Roddick）开第一家美体小铺时，她并不知道它会有多成功。她识别到对天然化妆品的需求，这种需求将吸引客户对环境的关注。

她贷款 6500 美元用于投资，并且激发了一些想法，这些想法满足了她对低成本的需求，同时也符合她的环保目的，比如为再次利用旧瓶的顾客提供折扣，用最少的包装让成本尽可能降到最低。随着业务发展，罗迪克夫妇于 1984 年让美体小铺上市，旨在利用扩张积累资本并增加投资。仅在交易的第二天，股价就翻了一番。到 1992 年年底，她已经开设了 700 家美体小铺，创收入 2.31 亿美元。

但并不是所有的事情都那么容易，在继续实施想法的过程中，她经历了阶段性的销售下降和阵痛期。1996 年，罗迪克夫妇聘用了职业经理人以设置更严格的库存控制和精简流程。她在《财富》杂志中说道："我们经历了一个阶段，在那段时间中，许多创业精神被打压，我们不得不成长，我们不得不陷入各种方法和流程中。最后就产生了一种等级制度而我认为这种等级制度具有反生产性。"因为再实施之后并没有达到预期效果，销量反而下降了。1998 年，由于财务业绩惨淡，罗迪克辞去了首席执行官一职，聘请帕特里克·古尔尼（Patrick Gourney）管理公司。截至 2004 年，美体小铺已拥有 1980 家分店，为全球约 7700 多万顾客提供服务。它被评为英国第二大最值得信赖的品牌，世界第 28 大品牌。2006 年 3 月，欧莱雅以 8.53 亿美元收购了美体小铺，并于 2017 年以高出分析师预计的 16 亿美元将其卖给了伊索（Aesop）旗下的巴西化妆品公司天然美妆（Natura Cosemitcos）。美体小铺的创新之旅并未停止。

> "如果你觉得自己太弱小，没有影响力，那就试试和蚊子一起睡吧。"
>
> ——安妮塔·罗迪克

这个故事说明了什么？安妮塔·罗迪克有一个非常明确的目标并且一直致力于实施她的想法。她有一个强烈的愿景，即使她的资金很少，但还是用来投资以实现目标。在经历企业专业化的阵痛期时，她始终没有动摇。通过结合低调营销、消费者教育和社会行动主义于一体，美体小铺为全球总计价值160亿美元的化妆品公司改写了行业规则，同时这也让罗迪克成为英国最富有的女性之一。罗迪克于2007年英年早逝，而故事还在继续。美体小铺品牌不得不继续识别新的机会、激发想法并将这些想法应用到他们的市场中。

技能五——建立拥有互补技能和知识的团队

我们知道，团队合作对成功实现创新至关重要。当你越来越了解自己和他人的长处并知道如何运用不同的技能和经验时，成功的可能性就会增加。在选择合作伙伴时，要了解他们的六个"I"® 模型概述并且明确你们是一支怎样的团队。会有太多能激发想法的人吗？你可能在产生的新想法中获得很多乐趣，但谁来关心实施？

有很多变量需要考虑，举几个例子，比如性格、个性偏好、经验和背景、技能、沟通和建立关系的能力以及共同的价值观等等。工作在地域上越来越分散，虚拟工作也越来越多，那么你将如何管理？重要的是回到你的目的上去。你想要创造什么？你想要解决什么问题？另外，现阶段领导你的创新计划的合适人选也许是你也许不是你，不过情况也可能会发生变化。不同的实施阶段需要不同的领导，但是要做好准备，在需要时做出改变。技能、背景、个性和价值观会有所不同，这取决于你想要做的事情的性质。重要的是自觉思考、做好计划。

六个"I"® 模型概述不是一个个性工具而是一个技能优势指标，它可以让你了解自己和他人眼中的创新技能。个性差异也会影响我们的创新风格，所以有必要花点时间来提高对自己和他人个性的认识，尤其是当你在组建团队的时候。有许多不同的心理测量工具可以帮助你了解个性差异。我曾在指导客户和团队建设时使用以下工具：迈尔斯·布里格斯类型指标（MBTI）、九型人格（Integrative9）和斯彭尼分析模型（SPM）。

 活动

团队活力

1. 研究不同的有针对性的个性评估方法并选择一个。

2. 与一位经过认证的从业者一起工作，该从业者接受过专业培训，了解彼此的相同点和不同点以及这可能对你们的合作方式产生的影响。

 活动

团队愿景板

你也许已经为自己创建了一个愿景板，但试着和想要一起工作的人一起创建一个。这将帮助你们共同创造未来。

1. 根据你们的集体愿景，要求每个人创建自己的愿景板以说明他们如何看待自己的个人贡献。

2. 每个人的技能怎样结合成一个完整体？

3. 缺少什么？

 工具

工作方式

确定你想与他人一起工作的方式：

1. 在行为上达成一致，你们将会为彼此的行为负责，并在创新之旅的不同阶段考虑这些行为何时可能需要改变。

2. 如果你是远程办公，决定你将使用什么在线工具，并决定在线非正式和正式签到以及面对面会议的方式与时间。

3. 使用表格来帮助创建团队协作与共享的工作方式。

技能六 —— 帮助员工在预算和规定时间内完成工作

我们可能不喜欢把创新和管理相提并论，但事实上，要想真正创新成功，我们需要善于管理，包括从理念到实施再到改进。许多年前，当我开始在这个领域工作时，我发现用于管理创新的工具和流程在本质上极具技术性，而且大多是为研发和产品开发目的而开发的。尽管有些场合它们挺适用的，但很少能关注人员、流程和服务创新。

这本书关注的是与创造和实施新事物相关的人力因素，即运用技能的能力以及创造条件来激励他人的能力。无论你是管理自己，管理一群松散的参与者或合作伙伴，还是试图在一个组织背景下实施一个新想法，管理创新都需要这样的技能：知道如何激励人们并让他们朝着一个共同目标前进。创新不同于其他形式的管理，增加了未知的复杂性。因为你在尝试新的事情，所以对所有相关的人来说风险更高。事情可能会变得艰难，会失败并且资源有限，尤其是时间、金钱和技能。最大的问题就是优先顺序的改变，即创新想法和项目本是重点关注的关键领域，但在其他压力的作用下却被遗忘了。这严重损害了个人和团队的驱动力。

 工具

六个 "I" ® 模型追踪器

将六个 "I" ® 模型当作一个创新管理的过程。

1. 你的想法属于哪一个 "I"？

2. 你找到一个大好机会了吗？

3. 你是否激发了一个可以成为解决方案的想法？

4. 你研究过它是如何工作的吗？

5. 你有必要的投资吗？

6. 你准备好进入实施阶段了吗？

如果没有，回顾对应的 "I"，然后思考需要做什么。发挥你的团队（或合作伙伴）的六个 "I" ® 模型概述的优势。

使用下面的表格来帮助你管理想法。

所处阶段						
	识别	激发	研究	投资	实施	改进
想法一						

续表

所处阶段					
想法二					
想法三					
想法四					

 活动

匹配角色与动机

看看你和团队的个性结果。

1. 你和他们的动力是什么？

2. 为了让他们参与进来并保持激情，你对他们的动机、技能和能力有何要求？

错过实施阶段的危险

- 你（或你的团队）可能没有明确的目标；
- 将会缺乏明确的角色和责任；
- 你将缺乏结果导向以及评估绩效的方法；
- 你的想法会停留在想法阶段，不会进入价值创造阶段。创新将无法实现。

实施的思维模式：
执着应对挑战，坚定赢取成果

坚定执着

　　想象你和一群人在一条小船上。阳光灿烂，水面平静。当你顺河而下时，空气中充盈着欢笑。突然，船开始摇晃，打转。你遇到了急流，笑声戛然而止。浪花打湿了你，你因此而兴奋，设法改变方向，穿过急流，却没有意识到自己已经偏离了航道，正径直驶向瀑布的边缘。因此，2010 年 8 月，我在新加坡的 TED 演讲上对观众说："这次将会很艰难。"我的演讲题目是"白水领导力"，将我们的创新能力比作白水漂流技能。虽然有些急流很容易通过，但有些却很难。

　　但是，我们拿起桨再试一次。有些时候我们确实会感觉低落。有些时候我们想要放弃。但是，我们以何种态度对待失落常常可以决定我们是成功还是失败。在你成功并得到表扬前，你可能感到孤独，甚至很有可能会被误解。无论你是带领同事在一个组织内部工作，还是作为一个企业家工作，在创新时，大多数人会认为你是一个特立独行的人，不太适合做他们认为重要或必要的事情。

顺应力和灵活性是我们这个时代的流行语。但你如何教授这些品质呢？唯一的方法就是拥有类似经历。从教科书或课程中你无法学到这些。必须经历人生的高潮和低谷，必须面对失落，用心感受，然后变得强大。必须对自己的愿景和自信充满信心。必须信心十足，如果一扇门关闭了，你会打开另一扇。绝不放弃。

我们保持坚定的能力很大程度上取决于我们的意志力。什么是意志力？它是一种面对巨大的失落或失败时重新振作起来，再试一次的能力。或者，正如心理学家安吉拉·李·达克沃斯（Angela Lee Duckworth）所说："意志力是日复一日依然对未来坚信不已，不只是这周，不只是这个月，而是年复一年，努力工作来实现所坚信的那个未来。"

研究表明，意志力是对长期目标的热情和坚持，它是学术和职业成功的关键决定因素之一。宾夕法尼亚大学（University of Pennsylvania）的达克沃斯实验室（Duckworth Lab）已经证实了意志力的预测能力。在长时间的研究中，意志力可以预测谁能在艰苦的军事训练中生存下来，谁能取得较高的学术成就，等等。意志力远比智商、健康水平、家庭收入甚至天赋本身更有力量。意志力归根结底是个性和性格。意志力是保持前进的内部动力。

那么我们怎样才能变得更有意志力呢？我们可能认为性格和

个性很难改变。但研究表明，就像大脑一样，个性并不是一成不变的，它可以适应新的刺激和体验。

拥有智慧或才能只是开始。我们需要的是成长性思维模式。尽管可能会面临挑战或障碍，这种思维模式只能通过实践和运用相应思维来培养。如果我们热爱学习并保持坚定的信念，我们就能培养出适应能力。这种能力能让我们取得成果，完成实践。成长型思维模式认为我们的思维方式和神经元的连接并不固定。我们可以适应变化，可以学习，再学习，并且当事情变得困难的时候，坚持到底。如果我们相信失败并不是永久的，我们就会发现挫折和困惑不是我们应该放弃的信号，而是学习过程的一部分。我们可以站起来，不断尝试。

最可能坚持下去的人认为失败并不是永久的。他们反而将挫折和困惑视为学习过程的一部分，而不是一个应该放弃的信号。这两种策略都能提高意志力。这让我们再次意识到少年时期的重要性。就像创造力一样，成长性和意志力思维模式可以在孩子小时候、塑造性格的时候培养。一份英国报纸刊登了一篇关于英国贝德福德（Bedford）一所学校的有趣文章，这所学校正在积极引导学生培养意志力。除了他们的学业成绩外，学校还要对他们的性格和行为进行评分。

这里有一种微妙的平衡，但很难达到。拥有一种坚定的信念并不总是意味着你要不断地克服困难，做你一直在做却不能带来想要结果的事情。坚定执着的思维模式意味着即使你不得不选择的道路可能会把你带向一个与最初打算不同的方向，你仍将不断寻找新的途径来实现目标。只有经历后，我们才能回头看当时的决定并理解它们。

我们还需学会自我调整，走出船外，远离急流，调整自己的步伐。这并不是说你要成为一个工作狂或苛刻的监工。这也与我们花了多少时间强迫自己去完成某件事无关。一个精疲力竭的开拓者对任何人都没有好处，更不用说对自己了。

甚至是我们做出的最痛苦的决定或我们所拥有的糟糕经历，比如失业、关闭公司、裁员以及放弃梦想，这些都能塑造性格，培养坚定执着的思维模式。

想要培养一种坚定执着的思维模式吗？

执着应对挑战，坚定赢取成果

 尝试

1. 培养顺应力

●当你想要放弃某件事，或者想要辞职的时候，战胜消沉的意志，下定决心继续前进。

●描述你觉得失败的地方。在你的脑海中重新理清情况。感觉如何？羞耻、内疚、沮丧、恐惧、悲伤还是愤怒？你从失败中学到了什么？它教会了你什么？

●在你下次失败时，告诉自己没有永久的失败。一切都会过去的。

●在尝试新事物的过程中感到沮丧或困惑的时候，告诉自己这不是放弃的信号而是学习过程的一部分。

●选择一些渴望并且想要学习的东西。然后全身心地投入。即使认为你做不到，也要坚持。战胜负面情绪。安吉拉·达克沃斯以16000人为研究对象，发现"与其他人相比，拥有强烈意志力的人明显更有动力去追求有意义的、以他人为中心的生活"。

2. 是时候说不了？

• 是否在某件事情上投入了太多时间却没有得到你想要的结果？不要为此自责。学会放手，然后尝试其他的事情。但是，坚持和知道什么时候说"够了"是有区别的，它们之间存在一个很微妙的界限。

• 如果这是你的爱好，你会另找一种方式。

3. 寻找一位导师

• 在《创造力：发现和发明心理学》一书中，米哈里·契克森米哈（Mihaly Csikszentmihalyi）采访了 91 位世界上最有创造力的人（包括 14 位诺贝尔奖获得者）。他们有什么共同点？那就是几乎每个人在大学期间都遇到了一位重要的导师。

• 找一个这样的人：他能够激励你，给你指导，树立有效的榜样并能在情感上给予你支持。

让这些坚定的思维模式活动成为你生活的一部分。

准备好继续进步了吗？重新审视你的目标陈述并用这个简单的清单来确保你已经认识了某些最重要的实施要点。你需要回到识别或投资阶段吗？你的提议效果如何？

活动	完成情况
我有一个有明确时间表和责任的项目计划。我通过四个方面平衡了这些活动，这四个方面包括人员、结果、变化和过程	

续表

活动	完成情况
我已经按优先顺序对需要采取的行动进行排列并将重点放在促进创新的活动上	
我已经分析并评估了想做事情的风险，并将继续关注潜在的挑战。已经尽可能地降低了风险	
我已经拥有一个团队并知道是什么在激励他们和我自己。我们拥有一致的目标并致力于看到成果。我正在培养意志力和顺应力	

要想更深入地发展技能和思维模式请参考本章末尾的资源指南。但是，首先让我们来走近克里斯汀·西姆（Christine Sim），她在六个 "I" ® 模型中得分最高项是实施。

走近克里斯汀·西姆

实施者个人资料

名字： 克里斯汀·西姆

工作： 首席执行官

公司： 亚太地区恩特俱乐部

六个"I"® 模型中的最强项： 实施者

目前，你想通过创新来应对哪些挑战？

我正在为亚洲各地处于发展阶段的年轻企业建立一个培训和互联互通的平台。这是一个协同合作的平台。我们的愿景是成为亚洲主要经济力量，实现可持续增长并创造机会。我们预测了一种工作趋势，即专业人士离开公司然后自己创业，其他人则着眼于如何跨地区扩大和发展他们已经创建的公司。我们的目标是成为积极变化的催化剂。

如果你是一个实施者，看看你的六个"I"® 模型结果。这些知识如何影响或改变你的工作方式？

六个"I"® 模型帮助我看到任何项目的整体情况以及实现它所需的微观因素。我能够将愿景分解成适当大小的组块，并将把它们按优先顺序排列成需要做的事情，这样我们就可以构建一些可持续的事物。这就像先在脑海中看到整个拼图，然后再把每个独立的部分拼起来。我可以想象到每个部分如何对整体做出贡献。

你如何发挥自身优势的？会给其他想要更好实施想法的人什么建议？

你心中需要有一个最终目标。唯一擅长的实施方法就是去尝试，去获得经验。很多人因害怕失败而不敢尝试。我鼓励其他人去尝试他们的想法并从错误中汲取教训。这与成为一个风险承担者和寻求持续进步有关。如果你没有自己的想法，在这里你直接学习，看看是否可以加入一个正在启动的新计划小组，通过与他们一起工作收获经验并从合作中有所学习。经验丰富你的专业知识，专业知识增强你的信心。要勇于尝试，因为这会给你自己勇气。要虚心接受他人的反馈并向他们学习，观察他们在做什么以及他们是如何做的。要合作，因为这会让你集中于自身优势，毕竟每个人的时间和精力都是有限的。专注和自律是成功实施的两个关键。

你会采取什么措施改进你不足的领域或拓展对你重要的领域？又会如何落实？

我努力让自己的技能适应我所处的不同情况。如果我需要在激发新的想法方面变得更强，那么我就会下意识地转变我的思维方式以向其靠近。我不断地向我尊敬的人寻求反馈以及向导师寻求指导。我试着通过研究想法来让自己放慢实施步伐。首先，通过小组讨论或与客户、利益相关者、同事或导师讨论，看看这些想法是否有用；然后，我会向那些比我专业的人请教，请教他们是如何做到的并且询问他们怎样才能帮助我。通过这种方式，我可以不断学习。

六个 "I" ® 模型对你和你的团队/企业有什么帮助？如果有帮助，你能分享些例子吗？

　　六个 "I" ® 模型让我对自己的创新能力有了新的认识。它是一个实用的工具，并且我可以在日常工作和生活中运用它。六个 "I" ® 模型帮助我更好地了解我的优势和我的团队成员。它还帮助我采取更全面的方法来成功应对生活中各个方面的事情。目前，我是一群年轻人的顾问，他们正在新加坡推出一本关于创业的书，名为 "https：//whyyoushouldfail.com/"，主要内容为如何建立一家可持续盈利的公司。因为我比较了解六个 "I" ® 模型，所以我可以引导他们发挥自身优势。这有助于创造更好的工作协同效应。

你有没有做出一些自认为有创新性的成果？

　　曾经，在几次大型项目的启动过程中，我认识到，在规划之后，最重要的是努力和决心。就恩特俱乐部而言，如果要实现我们想要创造的愿景，就尤其需要与当地资深导师建立良好的联系，因为他们可以为我们的潜在会员提供指导和建议。这确实与领导人发展以及创造成功和财富有关。成功的核心在于资源分配、商业化、执行和交付。建立正确的团队和资源网络对扩张来说至关重要，只有这样我们才可以帮助他人发掘潜力以及发展其初创事业。我也以一种重塑的心态来对待我的生活，也就是说生活是一种不断创新的状态。我的第一份工作是秘书，而现在我是一名首席执行官，尽管如此，我还需要继续努力工作。为了应对生活中不断变化的环境，我认为自己仍需提高和重塑自我。无论你正处于人生的哪个阶段，如果你想在未来获得成功并保持成功，重塑自我的能力将在这个瞬息万变的世界里变得越来越重要。

实施资源指南

本节列举了一些资源，旨在进一步探索并更好地实施想法和培养坚定执着的思维模式。

资源指南

● 想知道你的意志力如何吗？试做达克沃斯教授在该大学网站上的问卷调查：https：//angeladuckworth.com/grit-scale/

● 我发现三个对团队建设有深刻见解的心理分析工具：迈尔斯·布里格斯类型指标（MBTI）www.mbtionline.com，斯彭尼分析模型（SPM）www.spmonline.eu（衡量自然文化对领导决策的影响）和九型人格 www.integrativeq.com（创造自我意识，揭示九种不同人格类型的行为模式）。

● 如今网上有一系列价格合理的项目管理软件。这里有一个很好的博客，它概括了十个最好的项目管理软件：http：//www.creativebloq.com/software/best-project-management-71515632

● 心智工具提供了许多培养新技能的技巧。这里有一篇关于如何管理利益相关者的好文章：www.mindtools.com/pages/article/newPPM_08.htm

● 想要管理想法？这是关于想法管理软件的概述，可在 www.capterra.com/idea-management-software/阅读。

● 想要一个能反映六个"I"®模型的在线平台吗？我们已经

与英国的商业应用程序开发商 Softools 进行合作，设计了一个六个"I"®模型的创新管理平台。以零编码的方式提供高度灵活的解决方案：www. softools. net

● 想找一个杰出的导师吗？这里有一本可以帮助你的好书《力量指导：成功的导师和门徒如何从他们的关系中获得最大收获》，作者艾伦·恩舍（Ellen Ensher）和苏珊·墨菲（Susan Murphy）（2005）。

拓展阅读

关于下文所列主题有许多可供参考的书目。以下书目可以帮助拓展思维。

进入市场

Anthony, S. (2014) *The First Mile: A Launch Manual for Getting Great Ideas into the Market.* Harvard Business Review Press.

组织和计划

Allen, D. (2015) *Getting Things Done: The Art of Stress-free Productivity.* Piatkus.

Ferris, T. (2017) *The 4-Hour Work Week.* CreateSpace Independent Publishing Platform.

Lencioni, P. (2004) *Death by Meeting: A Leadership Fable about Solving the Most Painful Problem in Business.* John Wiley & Sons.

Service, O. and Gallagher, R. (2017) *Think Small: The Surprisingly*

Simple Ways to Reach Goals.Michael O'Mara.

Tracy,B.(2013)*Eat that Frog：Get More of the Important Things Done Today*.Hodder Paperbacks.

Zogby,J.P.(2017) *The Power of Time Perception：Control the Speed of Time to Make Every Second Count*.Time Lighthouse Publishing.

项目管理

Newton,R.(2007)*Project Management Step by Step：How to Plan and Manage a Highly Successful Project*.Pearson Business.

Sutherland,J.(2016)*Scrum：The Art of Doing Twice the Work in Half the Time*.Random House Business.

创新管理

Tidd,J and Bessant,J.(2013)*Managing Innovation：Integrating Technological,Marketing and Organizational Change*.John Wiley & Sons.

von Stamm, B.(2008) *Managing Innovation, Design and Creativity*.Wiley.

营销与销售

Cakim,I.M.(2010)*Implementing Word of Mouth Marketing：Online Strategies to Identify Influencers,Craft Stories,and Draw Customers*.John Wiley & Sons.

Heath,C.and Heath,D.(2007)*Made to Stick：Why Some Ideas Survive and Others Die*.Random House.

Priestly, D. (2015) *Oversubscribed: How to Get People Lining Up to Do Business with You*. Captsone.

创建团队

Kostner, J. (1996) *Virtual Leadership: Secrets From the Round Table for the Multi-site Manager*. Time Warner International.

Lencioni, P. *The Five Dysfunctions of a Team: A Leadership Fable*.

业绩

Duckworth, A. (2017) *Summary of Grit: The Power of Passion and Perseverance*. CreateSpace Independent Publishing Platform.

Ericsson, A. (2016) *Peak: Secrets from the New Science of Expertise*. Eamon Dolan/Houghton Mifflin Harcourt.

Pink, D. (2011) *Drive: The Surprising Truth about What Motivates Us*. Canongate Books Ltd.

8

改进：充分利用得失，仔细评估得失，真正认识得失

IMPROVE

OPTIMISE ,
SCALE AND
LEARN FROM
SUCCESS AND
FAILURE

有个客户曾经问我："你能考虑在中国建立一个人才发展项目，让当地的人力资源经理为创新项目使用模型吗？"另一个客户则说："开发一个所有人都可使用的全球线上创新工具包如何？能让这个创新工具有效解决新的商业挑战吗？"我们在亚洲发展8年了，六个"I"®模型已经逐渐实现了我创立它的初衷。

许多关于"改进"的想法都来源于实践，以及创新组织在运用这一模型完成挑战的过程，其他则来自客户要求。当我回顾创建六个"I"®模型的历程，我发现当初那个简单的圆形图已经形成了一个包括在线应用程序、分析工具、认证程序、销售规划、工具包和游戏在内的完整体系。不管在过去、现在还是未来，它都是一个持续提升的过程，不断在六个"I"®模型中的各个阶段前进后退。通过与客户合作，我们能够用原型调查和开发新程序直接满足其需求，从而进一步满足其他组织的需求。我们将进一步投资、实施和改进我们的产品，进一步将最初的想法扩展到已被确定的有商机的领域。我们现在有一条开发产品的渠道，我们会顺着它到达遥远的未来。

这就好比我之前生活中一系列的随机事件慢慢融合：为新的学习市场开发策略，运用于大型调查机构、数码产品开发、我喜爱的心理学和文化方面，训练、促进和咨询。再加上与我长时间搭建的联系网络，它们共同创建了这一个对世界上的个人和组织都大有裨益的模型。

我们站在价值这座巨人的肩膀之上，在经验、知识、技能和关系网中眼花缭乱，看不清眼前什么是正确的。我们不明白如何改进，也不清楚如何最大限度地利用我们已拥有的资源。许多机构和个人都会绕过这个本可以收获颇丰的阶段去追逐另一种观念，错过这唾手可得的机会果实。有时在初始阶段，我们都看得到可能的利益，但面对种种困难和需要产生新观点来解决挑战时，不少人就望而却步了。虽然按时间顺序，"改进"是我们最后要讨论的内容，但六个"I"®模型是一个圆形而非线性的过程，改进常常可以作为创新的起点。

我分享这个故事来说明一个概念性模型的简单主意是怎么成长成为大有价值的东西的，这甚至是今天你所读的本书主题。六个"I"®模型也如此。本章的主题是"改进"，如何最大化利用你的想法。

在书中，我会举一些实际的例子来帮助你提高改进想法的能力和自信。

"改进"是创新的核心，因为它总能快速从已存在的事物中创造出更多价值。创新的改进阶段包括发现许多能产生更好想法的途径，以及寻找与很多人、客户或者是参与方一起改进想法的机会。这非常重要，因为创新往往可以从优化现有想法和从中提取更多价值的过程中产生。终端用户或者说客户往往可以给出最好的改进建议。

抓住学习机会，这样你才能持续改进，并创造一种可以从失败中汲取教训的文化。这与鼓励个人或团队不断反思自我、总结经验同样重要。

与调查阶段相同，要进行自由试验，尽管可能失败但也是改进阶段的一个重要环节。想要改进，就要通过试验来发现做事的新方法。这是我们在学习整个创新流程和我们工作方法必须要建立的一种思维方式。

回顾和评估什么方法有效，为什么有效又为什么无效。交流成功经验和得到教训有助于创造一种不断进步的文化。通过故事的力量，让学习走进生活，这能使你以一种令人难忘的方式将你的经历编织在一起。要想善于改进，就要有一种灵活的思维方式。

改进者概述

创新作用：提供新鲜观点和优化及学习的能力。

思维模式：机灵。

改进者的优势：

1. 擅长找出多种办法来完善一个想法。

2. 善于聆听和收集客户、大众和参与方的反馈意见。

3. 回顾和评估什么想法对于创新是有用的，为什么？或者什么想法对创新无用，为什么无用？

4. 抓住学习机会。

5. 从失败中吸取经验。

6. 将一个创意点扩展到其他机会领域。

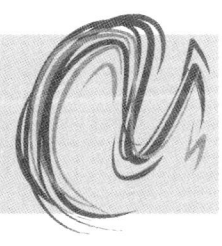

这个旋涡图像就代表了机灵的思维模式。旋涡再次自我打开，来寻找更好的行动方式。

改进者的挑战：

因为改进者是在现有的基础上工作，而不是在可能存在的基础上工作，所以他们可能：

- 发现完全依照新的可能性来进行展望很困难；
- 依靠持续改进；
- 错失了更多激进想法提供的机会；
- 一旦偏离他们已有的有效知识体系就很惶恐。

改进者面临的挑战是，很多组织和个人往往不反思已有教训就进行下一项活动。改进者需要帮助人们积极从他们已有的创新过程中学习，既要学习成功，也要学习失败。

如何与改进者沟通

根据改进者的六个"I"融合概述，以下列出如何与改进者有效沟通的行为准则。

要	不要
和其讨论有关改进、学习和优化现有想法的话题	忘记回顾、评价或找到现有想法的新的可能性
如果你想升级现有的产品、服务或流程，与他们进行头脑风暴	忽视从错误、失败中学习经验的重要性，也忽略在收获中学习的重要性。按照这种认知去行动
让他们参与到征集客户、终端用户和参与方反馈的过程中	将他们置于缺乏进一步改进和发展的境地
向他们征求意见：如何能做得更好以及为什么	开展其他项目或活动，却不从进一步优化中提炼想法

改进技能

尽管有许多技能可以帮助我们改进想法，我们还是将重点放在这一阶段的六个核心属性上：

1. 分析事物成功或失败的原因；

2. 收集客户反馈；

3. 将想法拓展到其他机会领域；

4. 帮助他人从失败中汲取教训；

5. 创造一种不断学习的文化；

6. 分享成功的创新案例和学习经验。

下面我们逐个来讲解。

以下是改进过程所需技能及其相关工具和活动项目列表。

技能	工具	活动
分析成功或失败的原因	事后回顾（AAR）	团队反思
收集客户反馈		让客户参与其中
将想法拓展到其他领域	SCAMPER	扩展想法
帮助他人从失败中汲取教训	对失败的态度	
创造一种不断学习的文化		获取知识
分享成功的创新案例和学习经验	认可和交流反思	

技能一——分析成功或失败的原因

想象自己对着镜子看了几秒钟，并在镜子里看到自己脸的影像，或者注视着一池清水看着池水表面粼粼波光上的倒影。你也许能发现之前没注意过的事情，你获得了不同的视角。

也许，许多职场文化只奖励活动和行为。从年轻的时候，我们就被教导要忙碌和多产，要一步接一步赶快完成我们的任务。并没有谁去鼓励我们反思自己的行为举止。然而在这种反思中蕴含着智慧和学习的财富。即使反思要求我们停下，它本身就是一种活动。它是我们需要积极追求的，也需要一定程度的成熟和诚实。如果你是带着学习的目的进行反思，那你就要在成功或失败的原因上对自己和他人都无比坦诚。反思需要责任和担当，而不是借口和责备。如果我们要为这个世界注入新想法，就必然面对失败和种种不尽如人意，或是惊喜和超出预期的收获。不管失败还是成功，我们都应从中学习。

 活动

团队反思

当你要结束一个项目时，回想一下在进行这个项目过程中你学到了什么，尤其是和他人合作一个项目时的收获。

- 什么进展顺利？
- 什么进展不顺利？

这将使你更加了解帮助你创新的环境，以便你在未来能复制成功或避免失败。

工具

事后回顾（AAR）

1. 进行事后回顾（AAR）。这一工具最早来源于美军。用以下这些问题指引你：

- 本应发生什么？
- 事实上发生了什么？
- 为什么导致了偏差？
- 我们从中学到了什么？

2. 识别、讨论和落实那些支撑着成功的行为和在失败中学习和改进的行为。如果你有一个事后回顾团队，看看它能否促进你的讨论，这样你们都能做出贡献。

3. 捕捉并写下你的心得。

技能二——分析成功和失败的原因

本书列出的许多工具和技能可以用于创新之旅的不同阶段。而分析成功和失败原因的这一特定技能可以帮助我们同大众、客户和参与方一起寻找改进想法的机会，可以利用我们在调查阶段提出的方法。那些使用你的产品，享受你的服务的人往往能够帮助你提高工作水平。因为他们更接近用户体验，所以知道哪些方法可行，哪些不可行。收集反馈只是第一步，真正擅长利用反馈意见的公司会让他们的客户参与一系列"改进"阶段的创新活动，以此全面识别启发新想法的新机会。这不仅适用于向客户提供产品的公司，也适用于企业对企业的供应商，比如全球最大的邮件和物流公司——敦豪航空货运公司（DHL），和高品质工具顶尖制造商——得伟（DeWalt）。这两家公司都会积极地让其客户参与产品和服务创新。据福布斯（Forbes）的数据，敦豪航空货运公司已与 6000 多名忠实用户开展了合作，客户满意度评分上升到 80% 以上，准时交货率上升至 97%，客户流失率也有所下降。得伟有一个获得过大奖的洞察力组织，聚集了 10000 多个用户，他们在这里收集用户关于产品、包装和营销策略的反馈。他们还邀请专业的零售商和忠实客户提出对全新产品线的看法。

 活动

让客户参与其中

1. 回顾你的项目

● 你培养了哪些潜在客户或利益相关者来帮助测试你的提议？

　● 他们成为你新产品或服务的客户了吗？

　● 这个过程对他们来说是怎样的？

2. 你如何让这些人参与到改进过程中？

　● 向他们询问反馈意见。

　● 对于你创造的产品，他们喜欢还是不喜欢？

　● 他们对进一步改进有何想法？

3. 如果你正在开发一款线上产品或服务，并且有大量的用户数据。你就可以通过这些数据，来实时观察对于你提供的产品客户反映如何。分析这些数据，看看你能做出哪些改进。

技能三——将想法拓展到其他机会领域

2004 年，詹姆斯·索诺维尔基（James Surowiecki）写了一本书，名为《群众智慧：智慧掌握在多数人手中，集体智慧如何塑造商业、经济、社会和国家》（*The Wisdom of the Crowds：Why the Many Are Smarter Than the Few and How Collective Wisdom Shapes Business，Economies，Societies and Nations*）。这本书的主旨是一群人的集体判断可能比相对数量少但更睿智、差异化也更小的专家组群的判断更可取。这种集体智慧的观念随着诸如博客、维基百科（Wikipedia）以及 YouTube 等用户媒体的兴起，催生了大量商业模式，使得企业能够进行线上合作。生产者和消费者的传统界限正在消失，这样一来，人们就有了参与创新过程的新方法。

其中一种方法是众包，即通过在线平台来发掘客户或潜在客户的创造智慧。众包除了征求改进意见之外还有别的好处。它可以通过最低的劳动成本和研究费用来提高生产率，它也可以通过正式专项小组和趋势研究来减少搜集数据花费的时间。众包也是一个为激发阶段收集新想法开发投入的好方法。例如，在线视频租赁网站——网飞（Netflix）就利用众包技术，改进了向用户提供视频推荐的软件算法。实现软件关键目标的团队或个人会获得 100 万美元的奖励。宝洁公司在 Innocentiv. com 论坛上邀请了 9 万名化学家，在这里科学家与企业共同合作来解决宝洁公司的问题以换取奖金。

活动

扩展思维

1. 看看你创造了什么？

● 你如何进一步优化这一想法？

● 你如何改进你的想法？

● 列出 10 种你可以在不同市场和用户群体中运用你想法的方法。

2. 你怎样利用群众的智慧呢？

● 调查不同的众包平台，看看什么可能与你有关。

工具

SCAMPER

教育管理者兼作家鲍勃·埃伯勒（Bob Eberle）开发了一个叫做 SCAMPER 的工具。它简单实用，有助于思考如何提升产品、服务或流程。

看看你的创新。

● 你能代替（Substitute）什么？

● 你能合并（Combine）什么？

● 你能调整（Adjust）什么？

● 你能修改（Modify）什么？

● 你能把什么改为他用（Put to another use）？

- 你能消除（Eliminate）什么？

- 你能逆转或重新安排（Reverse or Rearrange）什么？

使用 SCAMPER 有助于思考不同方法来改进你的想法或主张。

你知道吗？

乐高公司位于丹麦一个叫比隆（Billund）的村庄，这个村庄由比隆家族在二战前建立。在 2003 年，乐高濒临破产。面对来自视频游戏和互联网日益激烈的竞争，以及对客户会觉得过时的担心，乐高出现了一系列管理错误并偏离了竞争的核心领域。即使它最成功的产品——《星球大战》和《哈利波特》系列也依赖于电影上映的时间，完全不受乐高控制。在世界各地的乐高商店都有大量积压库存。2004 年，36 岁的乔根·比格·纽斯托普（Jorgen Big Knudstrop）升任乐高的首席执行官，并开始带领公司扭亏为盈。他的改进方法主要体现在两个层面：对内提升产品制造流程，削减没有给客户带来价值的成本，管理现金流；对外他通过委托他人进行深入的人类学研究，动用设计思维方式，调查孩子们的游戏心理。乐高利用众包来帮助改进和激发新想法。在一个在线社区中，所有的乐高爱好者都能发现其他人的创新成果，并能得到改进反馈。他们也可以对新想法投票，如果一个项目得到 1 万张票，乐高就会重新审视这个想法，选出一个获胜者并在全球范围内对此进行开发和发布。这一想法提出者可在销售额中获得一定提成并在乐高的包装和营销中署名。

www. fastcompany. com/3040223/when-it-clicks and www. visioncritical. com/5-examples-how-brands-are-using-co-creation/

技能四——帮助他人从失败中汲取教训

那些喜欢在实验中学习的人，你也许能雇佣到或和他们一起工作，但如果你的组织或团队的文化不支持实验，即使这种不支持很谨慎，实验也不会对每个员工的态度或思维模式产生实质影响。如果文化由完成工作本来应该有的基本态度和价值观构成，那么创建一种人们可以从失败中学习的文化，意味着我们需要了解影响一个组织的思维方式的这些基本方面。这可不是一件容易的事。我经常被问及企业如何才能创造一种更具创新性的文化。这是一个值得思考但很难回答的问题，因为企业文化是多面的，涉及历史、文化遗产以及一种根深蒂固的信仰。列一张满是创新词的价值观清单，在墙上贴创新的标语或把创新写在公司年报里是一回事；在日常生活中进行创新，即我说的"日常创新"——挑战假设并用不同的方式做事是另一回事。那么如何才能做到"日常创新"呢？在最高层，公司领导需要确保创新，即新想法的创造和实施深深地融入公司的战略导向中，其预料到尝试新事物时可能失败，也允许这种失败。它也在创新背景下重新定义"失败"的含义。如果人们知道创新的流程，一个想法所历经的完整历程，他们就更有可能理解尝试新想法是需要验证的。

 工具

对失败的态度

1. 正视你的失败原因。沃顿商学院麦克研究所的前研究主管，保罗·舒梅克（Paul Schoemaker）概述了五种态度。从以下选择一个最适合你的数字，如果你自己无法确定就问问别人你适合哪个。

数字	态度
1	我讨厌错误，习惯快速掩盖错误，甚少从中学习并且以后还可能犯同样的错误
2	如果我无法掩盖错误，我就会分析产生错误的原因并找出这该怪谁；有时我能从中学到一些东西，但主要是指责别人和保护自我
3	我通常欢迎自己和他人犯一些善意的错误，我强烈认为那些在工作中因为正确原因而犯错的人应该受到表彰
4	我认为长期学习比短期学习重要，完全接受犯错是生活的一部分；我尝试赞美从错误中获得的洞察力
5	有时我会故意犯错，尝试做一些与我的最佳判断相悖之事，只是为了看看我的想法在这件事上是否有缺陷

来源：https：// www. inc. com/paul-schoemaker/brilliant-failures/why-failure-is-the-foundation-of-innovation. html

你选择的数值越高，你对实验的思维模式就越开放。舒梅克在沃顿商学院进行的一项调查显示，大多数人（约有74%）会选择一个中等偏低的数字即 2 或 3。很明显正如舒梅克在《聪明的错误：在失败的另一面寻找成功》 （*Brilliant Mistakes*：*Finding Success on the Far Side of Failure*） 一书中进一步阐述的那样，许多管理者在培养对失败的开放态度方面还有很长的路要走。

2. 用"我们"代替"我"，衡量你的团队对失败的态度。你们会选择哪个数字？这一选择如何阐释了你的团队文化？它对你的创新能力有着怎样的影响？

技能五——创造一种不断学习的文化

随着无形产品和服务在全球贸易中所占的份额越来越大，社会和经济对有型产品的依赖越来越小。这使得知识的创造和应用变得越来越重要，不管是那些可以被编码和储存的显性知识，还是那些难以通过书写传递给他人的隐性知识。人们在一份工作上停留的平均时间越来越少，尤其是年轻人。当他们走出公司大门之时，他们的知识、人脉和其他形式的社会资源也随之流失。我们不知道我们未知的东西。如果你在一家大公司工作，你对其他部门正在发生的事情一无所知。某些类型的知识可能会随着变化的速率变得多余、过时或毫无用处。这使得主动捕获知识和分享学习心得变得尤为重要，尤其是当你尝试做一些新的事情时候。

我们的目标是创造一种文化，在这种文化中，持续改进的态度是常态，贯穿整个创新之旅，而不仅仅是在创新活动的最后。我们需要在自己和他人身上培养和发展学习和淘汰的技能—— 拥有一个灵活的头脑，在新的理解和知识出现之时改变学习方向。

 活动

获取知识

1. 你怎样抓住明显的学习机会？

●如果你在一个大型机构中，这里是否有你可以用来专门管理和分享与创新相关知识的在线平台？

●如果你是一个小企业或企业家，探索一系列可以帮助团队免费或低成本分享知识的在线应用程序。

2. 确保你能捕获那些难以被记录或储存的显性或隐性知识，这些知识在团队或群体活动中产生，建立在个人或团队活动之上。在这些活动中人们分享彼此的观察或见解。

3. 找到网上可以多人协作共享知识的平台，做一些研究，找到符合你目的的服务。

技能六——分享成功的创新案例和学习经验

我经常问我的客户他们是否会花时间庆祝自己的成功并从中总结学习经验。答案经常是否定的。他们忙忙碌碌，被任务牵着鼻子走，还没来得及反思已经完成的项目是好是坏就匆匆开启下一个项目进程。其实对之前项目的回顾是一个很好的改进机会，不仅可以改进已经完成的项目，还为人们偶尔思索一下自己的成就并为之庆祝提供了机会。这关乎文化建设，如何主动花时间与人交流并让其有参与感。承认他们的贡献和他们的技能对工作顺利进展的重要性。这可以帮助人们回顾他们的工作进程，这通常是以一个机会或一个模糊的工作概念为起点，进而创造出一些有实际价值的东西。看到他们的付出，肯定他们的价值，鼓励他们并心怀感激和谢意。我找不到一些准确的词来描述工作生活，但是如果我们想创造一种能动的氛围，让人们愿意施展技能发挥才能，这种认可和交流就可以帮助创造一种氛围，可以产生成功的创新结果。

工具

认可和交流反思

1. 认可

● 什么能让你和你的团队感觉得到认可？（表扬、奖励等。）

● 你能做什么以改进你与别人沟通来往的能力从而改进这种认同感呢？

● 从正式认可人们贡献开始，让他们把新想法变为现实。

2. 沟通

● 开始将沟通和参与作为你正式或非正式管理的一部分；

● 感谢人们所做的贡献；

● 尝试正式的奖励机制，如颁奖典礼和创新日——找出什么对你和你工作的文化有效。

● 在沟通中加强对组织和团队的创新承诺：

a 公司通告；

b 业务通讯；

c 与顾客或客户的外部沟通。

3. 措施

● 衡量你的创新效率，是否与你的行业与组织规模匹配；

● 积极交流你将如何根据创新目标追踪绩效。

姓名	认可要求	如何激励和沟通	行为	措施
员工 1				

续表

姓名	认可要求	如何激励和沟通	行为	措施
员工 2				

错过改进阶段的危险

- 你或你的团队可能错失更快创造价值的机会；
- 你不能有意识地认识到那些可以帮助你发展的关键知识；
- 你可能忽略了庆祝胜利的重要性和它对动机的影响；
- 许多"日常创新"的复合积极影响会被忽略和不被承认。

改进的思维模式：
心思敏捷，头脑灵活

机灵

毫无疑问，六个"I"®模型的最后一种思维模式是"机灵"。在整个创新之旅中，机灵都是必须的。但在这个创新阶段，当你试图最大化你已拥有的东西时，就需要这种特殊的定位——一个热切敏锐的大脑，清醒灵光。想想苹果公司是如何利用其现有产品范围的——颜色不同，尺寸不同，内存容量不同，有渐进的改进，也有激进的改进，由此从一个点子创造出越来越多的价值。或者像宜家关注降低成本，使用机器制造和平板包装的方式改进——比如让椅子扶手可以拆卸，调整马克杯把手设计，使货物

213

可放在货板上的数量增加一倍，从而降低运输成本。虽然我们不会将这些小的改进视为创新，但它们的累积效果在创造价值方面是惊人的。苹果手机的利润在 2016 年第三季度是手机行业利润的 103.6%，宜家 BILLY 书架的全球销售总数超过 6000 万，平均每 100 个人里就几乎有一个宜家 BILLY 书架的使用者。这都是灵活的思维模式和关注改进的重要性例子。但任何机构，包括苹果和宜家都不能满足于既得的荣誉，也不能认为过去就是未来的保障。历史告诉我们生于忧患，死于安乐。这就让灵活的思维模式更为重要。

试想一下，如果我们在工作或者启动新项目时都能有这样的思维模式，都能不断尝试如何用不同思路做同一件事或如何把事情做得更好，我们会有怎样的集体成果。如果我们敏锐、清醒而机警，我们又能多获得多少个人的满足呢？我们对所在的组织或团队又能多做出多少贡献呢？

这就是我为什么想要揭穿许多机构里的荒诞说法：创新只是产生激进的想法或创造，要想创新，要不你得正好在研究或发展新技术，要不你得在一个创新实验室或部门或一个全新的创业公司工作。创新远不止于此，而是面向所有人，每个人都可以而且必须在这方面有所贡献。事实上，创新需要来自四面八方的力量。

有时我们认为在一家小而灵活的企业工作很容易变得聪明、反应敏捷且适应性强，但如果你是在一个有着自己的历史文化遗产和官僚体系的大公司呢？我所遇到的最具代表性也是最雄心勃勃的案例是惠而浦（Whirlpool）。它是一家白色家电制造商，是一个有着灵活思维模式的大型机构。回到 20 世纪 90 年代，面对日益激烈的竞争和来自股东的压力，惠而浦的领导们创建了一种工作愿景，鼓励人人创新，处处创新。这意味着全面的创新——从产品、客户触点、与供应商和零售商的业务方法、流程，到整个战略焦点。新的工作方式包括让每个在职员工参加在线业务创新培训，培训600名创新导师，每年为真正创新的项目留出相当大的资本支出，并要求每个产品开发计划都包含大量新产品创新的部分。此外，将创新置于议程首位的一个可靠方法，是将其作为高层管理人员的一个长期奖金计划的重要组成部分。即使在今天，惠而浦仍然是其行业佼佼者，尤其是在环境创新方面。它是第一个"能源之星"项目产品的制造商，其产品能省电，对消费者来说更物有所值。

当然，这需要执着。让这种执着变得"机灵"的办法是始终保有这份执着，还需要经理、领导和所有员工的培养和发展。诚然，培养创新意识和技能很重要。这不仅包括让员工接受创新课程培训，而且要深入创新的整个流程体系，了解创新的价值观和信仰，并承诺把创新当做所有工作的核心。这不是要你花几个月的时间搞一场关于创新的宣传活动，然后转向下一个管理潮流。如果我们要变得灵活、机敏且思维敏捷，我们就需要思考如何利用我们的技能和优势来为与我们自己，以及一同工作的同事和所在机构创造更多价值。

这样你穿越了六个"I"®模型创新的旅程。你是如何阅读本书的呢？是从头到尾还是只读了自己感兴趣的地方？我希望本书能带给你不同视角下的启发，这里的建议和工具你都可以用在自己生活中。更重要的是，我希望本书开阔了你的视野，让你更明白创新的含义，并且告诉你如何贡献自己的技能和才华，激励你说："是的，我可以创新！"

> **想要培养一种机灵的思维模式吗？**
> 要心思敏捷，头脑灵活。

 尝试

1. 日常反思。将日常反思融入你的生活。一个简单的方法就是在每天结束时问自己三个问题：

- 今天我学到了什么？

- 今天我做了什么贡献？

- 如果让我再过一次今天，我会做什么不同的事？为什么？

这三个简单而有力的问题将帮你建立一种不断学习和改进的思维方式。

2. 写工作日志。这里有一些关于树立自我意识的深刻问题。它们能鼓励你的大脑休息一下，给其一些空间来处理你正在学习的东西：

- 在工作日我脑海中最突出的事情是什么？它们是如何影响我内心的工作生活的？

- 我今天取得了什么工作进步？它是如何影响我内心的工作生活的？

- 我今天做了什么让人振奋或有价值的事？明天我该如何保持？

- 为了在明天的重要工作上取得进展，我至少可以做一件什么事？

●我今天遇到了什么样的挫折？它们是如何影响我内心的工作生活的？我能从中学到什么？

●今天有哪些不利因素影响了我，并有可能明天继续影响我？明天我该如何抑制或消除这些不利因素？

www. inc. com/jessica-stillman/why-you-should-keep-a-work-journal. html

3. 脑力刺激

●玩拼字游戏或国际象棋；

●买一本填字游戏的书，每天填一次；

●学一门新的语言；

●一个月读一本小说。

4. 与聪明的人来往

●想想和你相处时间最多的 5 个人，他们比你聪明吗？

●和更多思维比你强、见识比你广的人做朋友。

让这些灵活的思维活动成为你生活的一部分。

使用这个清单来确保你已经认识了一些"改进"阶段的重点。

活动	完成情况
我回顾了我所做的，哪些工作做得好，哪些做得不好，并为将来的项目收集了我的经验教训	

续表

活动	完成情况
我让客户和参与方评审了我所创造的东西并得到相关反馈、见解和新想法	
我已通过寻找我可以提高的途径和把我创造的东西运用于其他客户和其他领域来优化我的想法	
我在生活中建立了个人反思实践，并通过观察我如何改进想法来积极改善我的"机灵"思维模式	

要进一步培养技能和思维方式，请查阅本章末尾的资源指南，但是，首先让我们走近罗斯·沙普利（Rose Shapley），她在六个"I"模型中得分最高项是"改进"。

走近罗斯·沙普利

改进者个人资料

姓名：　　　　罗斯·沙普利

职业：　　　　产品及服务分析师

公司：　　　　IRT——澳大利亚伊拉瓦拉退休信托基金

六个"I"® 模型中的最强项：改进者

你现在想通过创新来解决什么挑战？

我们是一个改善老年人生活的社区组织。我们通过我们的社区、服务和伊拉瓦拉信托基金来改善老年人生活。养老服务市场变化迅速，为了生存和发展，我们不仅需要新的产品和服务，还需要满足客户需求的全新方式来让他们尽可能更好地生活。

参照你的六个"I"® 模型评估结果，你是一个改进者。这一评估结果是如何影响或改变你工作方式的？

这一评估结果帮助我发挥自己的优势。我的团队成员在前三个"I"项目上表现出色，所以我觉得我们相互补充，帮助彼此从不同的角度看问题。我会很好地处理已经存在的问题，而不是提出新的想法。我对没有独到的见解不再感到沮丧。我不必样样精通。

你是如何发挥自身优势的？对那些想要在改进阶段做得更好的

人，你有什么建议？

重要的是，必须考虑你所要解决问题的所有因素，认识到一个小小的改变也会产生影响。让客户和内部员工参与到改进的过程中也非常重要，这样你才能得到他们的意见。改进现有方法可以更快地创造价值。"改进"也涉及到思考你可以通过哪些不同方式来改进一个想法——从产品或服务扩展，到利用新的收入来源，优化流程或提高效率。一个人可以通过多种不同方式来改进想法。

你会采取什么措施改进你不足的领域或拓展对你重要的领域？又会如何落实？

我正在尝试提高我的"识别"能力，因为我们需要这项技能来发现可能出现的机会。我是通过与擅长预测趋势或模式的人一起工作来提高我的识别能力的，在此过程中我会思考他们是如何进行预测的。我发现我在以不同的方式来应用我的改进技能，并开始看我如何发现新的改进机会，这有助于我开阔思维。

六个 "I" ® 模型对你和你的团队/业务有什么帮助？如果有帮助，你能分享一些案例吗？

它为我们提供了共同语言和一种一致的创新举措。它也帮助我们日常创新。六个 "I" ® 模型不仅可以运用在创新项目中，而且可以将其作为一种思考如何在工作中做新事情的方法。比如我为组织成员创建了检查清单来帮助他们考虑如何使用六个 "I" ® 模型框架进行创新。它不仅仅针对大的项目，对他们的日常创新项目也很有帮助。

你有没有做出一些自认为有创新性的成果？

我们正在寻找许多创新的新机会，其中一些相当激进，并且将改变养老商业模式。但是，我参与的一项渐进的、规模较小的计划是从一个护理中心得到灵感的，目的是为居民提供平板电脑（iPad 等），以减少孤独感，为他们打开沟通渠道。问题是居民不知道如何使用 iPad。我创建了一个项目，以识别他们的需求并调查已经提供了哪些产品和服务，然后通过测试居民与技术的交互方式来改进不同想法的工作方式。其中的一个环节是教他们如何使用平板电脑，并查看他们觉得有趣和有用的东西。他们主要的问题在于获取信息和与家人保持联系。我们正在考虑如何实施创新来为我们组织创造价值，以及为居民增加连通性来丰富其生活的价值。在此示例中值得注意的是，我们并不一定按照顺序使用六个"I"® 模型，因为我们多次从"调研"阶段跳到"改进"阶段来发展这一想法。

改进资源指南

本章列举了一些资源，来帮助你"改进"想法和培养一种持续学习的"机灵"思维模式。

资源指南

- 《连线》杂志特约主编杰夫·豪（Jeff Howe），在 2006 年 6 月的一篇文章中首次提出"众包"一词。你可以看他的博客：crowdsourcing. com

- 唐·泰普斯科特（Don Tapscott），著名商业思想家，在他的一部著作中支持大规模合作：*Wikinomics*：*How Mass Collaboration Changes Everything*（2007，Atlantic Books）.

- 对小型企业众包网站的一个有用指南：www. designhill. com/design-blog/top-10-best-crowdsourcing-sites-of-2016-for-your-business/

- 哥伦比亚商学院高管教育学院的丽塔·麦格拉思（Rita McGrath）教授解释了为什么企业应以不同的方式来看待失败：www. youtube. com/watch？v＝gUKyxa4EPG0&feature＝youtu. be

- 一篇好文章，概述了一些如何有效使用 SCAMPER 工具的发人深省的问题：www. mindtools. com/pages/article/newCT_ 02. htm

- 想开发出一种更有效的方式来看待问题，报名参加一个名为 Writing Our Way Home 的电子课程：www.writingourwayhome.com/e-courses/

● 保留一个"已办事项"清单。花点时间回想一下你所取得的成就会增加你的能量，因为这么做会在你的大脑内释放快乐的内啡肽。在有意义的工作上取得进步，即使是很小的成就也会有强大的动力。

● 看看《忙人指南：该做的事》：http：//try.idonethis.com/the-busy-persons-guide-done-list/

拓展阅读

关于本书中列举的主题有很多可以参考的书目，以下书目可以帮助你扩展思维。

风险和失败

Schulz, K. (2011) *Being Wrong: Adventures in the Margin of Error.* Ecco.

Sundheim, D. (2013) *Taking Smart Risks: How Sharp Leaders Win When Stakes Are High.* McGraw-Hill Education.

Weinzimmer, L. G. and McConoughey (2012) *The Wisdom of Failure: How to Learn the Tough Leadership Lessons Without Paying the Price.* Jossey-Bass.

公司案例研究

Snyder, N. and Duarte, D. L. (2008) *Unleashing Innovation: How*

Whirlpool Transformed an Industry. Jossey-Bass.

Womack, J., Jones, D. and Roos, D. (2007) *The Story of Lean Production: Toyota's Secret Weapon in the Global Car Wars That Is Now Revolutionizing World Industry.* Free Press.

敏而精的思考

Imai, M. (2012) *Gemba Kaizen: A Commonsense Approach to a Continuous Improvement Strategy.* McGraw-Hill Education.

Meyer, P. (2015) *The Agility Shift: Creating Agile and Effective Leaders, Teams and Organisations.* Routledge.

Womack, J. and Jones, D. (2003) *Lean Thinking: Banish Waste and Create Wealth in Your Corporation.* Productivity Press.

学习与反思

Amabile, T. (2011) *The Progress Principle: Using Small Wins to Ignite Joy, Engagement, and Creativity at Work.* Harvard Business Review Press.

Duhigg, C. (2014) *The Power of Habit: Why We Do What We Do in Life and Business.* Random House Trade Paperbacks.

Kegan, R. and Laskow Lahey, L. (2016) *An Everyone Culture: Becoming a Deliberately Developmental Organisation.* Harvard Business Review Press.

Senge, P. (2006) *The Fifth Discipline: The Art & Practice of the Learning Organization.* Doubleday.

Wheatley, M. (2006) *Leadership and the New Science: Discovering Order in a Chaotic World.* Berrett-Koehler Publishers.

结　语

这就是创新六个"I"® 模型。它是一个环形而非线性的地图。参与创新或引领创新是一段旅程，途中会遇到死胡同，也会经过很长的贫瘠之路，而且经常不确定接下来该怎么走。实现创新需要复杂的技能、思维方式以及能力，再加上好时机、好运气、巧合和机遇。

我们需要培养好奇心，以便识别需求。

我们需要发展创造力，以便激发新想法。

我们需要形成批判性思维，以便可以调查我们想要创造的东西。

我们需要鼓起勇气去投资决策，在我们并不知道结果可能是什么的时候。

我们需要培养坚定的信念，挺过难关，不畏失败，不断实施。

我们需要培养灵活的应变能力，从失败中学习经验并有所改进。

基于合作和目的，六个"I"® 模型让创新成为现实。

创新需要的不是一类技能而是多种技能。

单一文化无法创新。多种文化才能让创新蓬勃发展。

单一思维方式无法创新。无论自己还是他人，我们都需要培养多种思维方式。

重要的是知道做什么以及何时做。

把握多样性是创新的命脉。

那么，假如创新如此之难，为什么我们要走出舒适区，积极参与甚至要成为创新的领导者呢？

如果当前的想法无法帮助我们解决当下的问题和挑战，那么就从今天开始挑战自己的思维方式。

当你读完这本书后，取出一张纸，画三个圆圈。

在一个圆圈里写下所有你认为自己擅长的事情，比如你的技能、经历和才华。

在另一个圆圈中，写下你的兴趣、爱好以及你最渴望在世界上看到的事物。在最后一个圆圈中，写下你认为最重要的领域，且准备在这些领域进行创新。

举几个例子，是科学、教育、宗教和神性，还是政治、商业、艺术和技术、健康或媒体和娱乐？

这些领域都在不断的变化中，所有领域都需要人们拥有新思维和足够的勇气，这样才能通向未知的未来。

找出最吸引你的那一个。

这三个圆圈重合的部分就是你的目的。

这是你的最佳选择。

这是开始的地方。

没错，你也能创新！

接下来呢

　　我希望这本书能鼓舞你成为创新者，不断对生活和工作中大大小小的事情进行创新。你可以一次又一次地重复使用六个"I"®模型，每次你都将学到一些有关你自己、同事和创新本质的新知识。创新不仅仅是一个过程或结果，它同样是日常实践，就像开发任何新技能一样，创新需要时间和精力。

　　为了帮助你创新，请访问我们的网站 www.6-i-innovation.com 查找我们为支持你的创新工作而进行的新开发。

　　除了实用工具、评估工具和引用一些运用六个"I"®模型的案例，我们还在不断开发辅助服务，以帮助个人和机构创新。服务包括六个"I"®模型的培训、讲座、研讨会、讲习班、产品、应用程序、工具包和端到端（点对点）的创新管理软件程序。

　　另外，如果你在运用六个"I"®模型创新时，需要个人或团队支持，请联系我们以获取更多有关我们的教练和研讨会便利服务。

　　我们期待听到你的进展并将继续为你的创新之旅提供支持！

图书在版编目（CIP）数据

六"I"创新 / （英）娜塔莉·特纳（Natalie Turner）著 ;刘瑾玉译. —
长沙 : 湖南科学技术出版社，2021.10
ISBN 978-7-5710-0103-2

Ⅰ.①六⋯ Ⅱ.①娜⋯ ②刘⋯ Ⅲ.①创造性思维－研究 Ⅳ.①B804.4

中国版本图书馆 CIP 数据核字(2021)第 013618 号

著作权合同登记号：18-2020-088
Yes, You Can Innovate

LIU "I" CHUANGXIN
六"I"创新
著　　者：[英]娜塔莉·特纳
译　　者：刘瑾玉
责任编辑：兰　晓　李　柔　杨　旻
出版发行：湖南科学技术出版社
社　　址：长沙市湘雅路 276 号
　　　　　http://www.hnstp.com
湖南科学技术出版社天猫旗舰店网址：
　　　　　http://hnkjcbs.tmall.com
印　　刷：长沙鸿和印务有限公司
　　　　　（印装质量问题请直接与本厂联系）
厂　　址：长沙市望城区普瑞西路 858 号
邮　　编：410200
版　　次：2021 年 10 月第 1 版
印　　次：2021 年 10 月第 1 次印刷
开　　本：880mm×1230mm　1/32
印　　张：8
字　　数：168 千字
书　　号：ISBN 978-7-5710-0103-2
定　　价：48.00 元
（版权所有·翻印必究）